西南地区桃主要栽培品种

春　美

春　蜜

春　雪

中桃8号

皮球桃

颐红水蜜桃（余庆苹果桃）

鹰嘴桃

红不软

中华寿桃

贵州余庆花果山桃基地

余庆县哨溪村桃规模化种植基地

Y形修剪第一年冬剪前

夏季修剪

抹芽的最佳时期

桃园覆草栽培技术

桃地膜覆盖嫁接技术

三主枝开心形行间种植绿肥

主干型修剪第三年挂果情况

主干形修剪第三年冬，
上强下弱

林下养殖

养鹅除草

幼林桃园套种花生

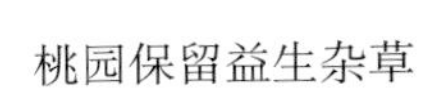

桃园保留益生杂草

保持理想的结果枝

桃园安装太阳能杀虫灯

太阳能杀虫灯诱虫技术

糖醋液瓶诱虫技术

多功能房诱捕器诱虫技术

黄板诱虫技术

桃疮痂病初期症状

桃疮痂病病果

红颈天牛

桃缩叶病症状

桃流胶病症状

桃瘤蚜为害状

桃桑白蚧为害状

桃裂果

桃褐腐病症状

桃树缺铁症状

西南地区桃绿色高效栽培技术

龚文杰　蒋　华　主编

中国农业出版社

内容提要

本书全面系统地介绍了西南地区桃绿色高效栽培技术，内容主要包括桃产业发展概况、桃生长发育特性、桃主要种类及优良品种、桃树育苗技术、桃园规模化生产技术、桃树整形修剪技术、桃主要病虫害及绿色防控技术等，并附有插图 59 幅，其中黑白图片 20 幅，彩色图片 39 幅。

本书理论与实践相结合，突出了西南地区的特色，适用性、可操作性强，且文字通俗易懂，图文并茂，可供广大桃种植户和基层农业技术推广人员查阅和参考，也可作为新型职业农民培训教材使用。

《西南地区桃绿色高效栽培技术》
编 辑 委 员 会

主　　编： 龚文杰　蒋　华

参编人员：（以姓名笔画为序）

王忠书　王福海　孙　俊

李大庆　肖登辉　陆秀琴

罗　艳　唐　炬　董小红

谭安容

序

非常高兴有机会能够比大多数读者先看到龚文杰女士、蒋华先生主编的《西南地区桃绿色高效栽培技术》一书，更为庆幸的是本书的作者是长期工作在基层的技术人员，长期从事果蔬生产管理和技术推广应用工作，他们在工作之余，结合自身试验示范研究结果和实践经验，总结编写出这本较为完整的实用性书籍，实在令人钦佩。

桃原产于我国，是我国广大地区种植的主要水果品种之一，深受广大人民群众的喜爱。由于西南地区是我国桃产业发展的新区，栽培管理及病虫害防治技术研究起步较晚，目前有关西南地区桃树栽培管理技术方面的书籍较少。随着西南地区桃树种植面积的不断扩大，科学种植桃树、合理防治病虫，已成为桃树生产上亟须普及的技术性问题。本书旨在更好地服务“三农”，满足桃树安全生产的需要，实现农业增效、农民增收。本书全面系统地介绍了西南地区桃绿色高效栽培技术，这对于西南地区发展桃产业，提高桃树种植管理水平具有十分重要的指导意义。同时，在贵州省全面实施产业扶贫、助力脱贫攻坚工作中，也将会发挥重要的促进作用。

本书的主要特点：一是本书全面阐述了桃产业发展现状，指出了桃产业发展存在的问题，提出了桃产业的发展思路及主要措施，为西南地区桃产业的持续健康发展指明了方向。二是本书系统详细地介绍了桃生长发育特性、桃主要种类及西南地区推广的优良品种、桃树育苗技术、桃园规模化生产技术、桃树整形修剪技术、桃主要病虫害绿色防控技术等内容，为广大桃种植户和基层农业技术推广人员全面了解桃树种植管理技术提供了系统的学习参考资料，为生产多样、丰富、绿色、高端的桃产品提供了有力的技术支撑。三是本书理论与实践相结合，突出西南地区特色，具有很强的可操作性，且文字通俗易懂，图文并茂，集试验研究和推广应用于一体，是作者多年研究成果和实践经验的集中反映，也是广大读者不可多得的一本参考书，值得各地借鉴。

本书的正式出版发行，将为我国西南地区桃产业发展和科学种植桃树提供一本具有实用价值的参考书，也可作为各地新型职业农民培训教材使用。我也相信，在大家的共同努力下，西南地区桃产业一定会获得更大的发展，一定能为广大农民增收致富做出应有的贡献。

杨再学

2018年1月8日

前言

西南地区是我国桃产业发展的新区，桃栽培管理及病虫害防治技术研究起步较晚，技术体系不够健全，大多是参考西北或华北、华东桃主产区的种植技术。由于西南地区气候条件与其他桃产区相差较大，桃生长季节气温较高、雨水较多、光照不足等原因，使西南地区桃单产低、病虫害较重、果品质量较差、经济效益不高，制约了西南地区桃产业的发展。

余庆县现有桃树种植面积5万亩*左右，是贵州省桃树种植面积最大的县之一，主要种植品种有红不软、春密、春美等10余个，成为当地农业产业结构调整发展的主要水果品种。余庆县农牧系统从事果蔬生产管理工作的科技团队有农业技术推广研究员4人、高级农艺师6人、农艺师5人、助理农艺师10余人。科技团队先后到河南、安徽、上海、四川、云南等地参观考察，并与当地技术人员进行经验交流，借鉴学习先进的经验。对桃新品种引进、整形修剪、病虫害防治等技术进行了一系列的试验示范研究及生产实践，经过多年的摸索和实践，总结了一套比较完整的适合当地的栽培管理技术，在

---

* 亩为非法定计量单位，1亩＝1/15公顷。——编者注

实际生产中广泛推广应用，取得了明显的成效，深受广大果农欢迎。人才团队先后在《中国园艺文摘》《中国果树》等期刊上发表论文7篇，主持实施的“桃省力化生态栽培技术示范与推广”项目，获2017年贵州省农业丰收二等奖。同时，主持实施的“余庆县无公害优质桃基地建设项目”，在2016年中央财政现代农业发展资金（精品果业）项目重点县竞争中获得500万元的资金支持，使余庆县桃产业得到长足发展。

本书共7章19节，在多年开展试验示范研究的基础上，参考相关文献，结合本地实际，对西南地区桃产业发展概况和桃的生长发育、品种选择、育苗、规模化生产、整形修剪、病虫害绿色防控等技术作了详细的介绍。本书内容浅显易懂，图文并茂，技术操作性、适用性较强，附有插图59幅，其中黑白图片20幅，彩色图片39幅，可供广大的桃种植户和基层农业技术推广人员查阅和参考。

本书在编写过程中，得到了有关领导及同行的大力支持和帮助，特邀享受国务院政府特殊津贴专家、贵州省省管优秀专家、余庆县植保植检站站长杨再学研究员为本书作序，并审阅文稿，对本书的编撰提出许多修改意见。同时，书中还引用了部分专家、学者的有关文献资料，在此一并表示衷心的感谢。

由于编者水平有限，错误在所难免，如有不当之处，敬请各位同行和读者批评指正。

编　者

2018年1月

目录

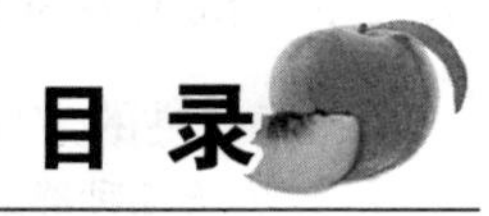

第一章　桃产业发展概况

第一节　桃产业发展现状及存在的问题

一、桃产业发展现状

（一）我国桃产业在国际生产中的地位

我国是桃栽培历史最久的国家，也是世界桃生产第一大国，2014 年桃种植面积达 72.6 万公顷，产量达 1 242.4 万吨，分别占世界总量的 48.6%和 54.5%。近 10 年来，我国加强科技推广，桃生产技术水平有了较大提升，桃产业发展迅速，2005—2014 年桃种植面积增加 4.9 万公顷，产量增加了 480 万吨，年均增长率分别为 0.7%与 5.0%，平均单产由每公顷 11.3 吨提高到每公顷 17.1 吨，是世界平均单产的 112.2%（王举兵，2017）。

我国桃生产存在中、短需冷量的桃品种不足，流胶病、疮痂病等发生较重，种植采收过程中机械化利用率低、包装运输设备落后等问题，致使我国桃精品果少，主要以内销为主，在国际竞争中没有主导地位。目前桃主要出口国是西班牙、希腊、美国、意大利等，由于品种和上市季节的差异，我国每年要从欧洲进口一定量的桃。

（二）国内桃产业发展现状

桃是我国近几年面积和产量位居苹果、柑橘和梨之后的第四大水果，种植面积和产量均呈稳步增长态势，有可能在“十三五”末成为继苹果和柑橘之后的第三大果树（姜全，2017）。据张放

(2017) 报道，2015 年我国桃种植面积达 82.83 万公顷，产量1 364 万吨，分别占我国水果种植面积和产量的 6.46%和 7.80%，同 2014 年相比分别增加了 3.60%和 5.95%，同 2006 年相比分别增加了 23.71%和 66.04%。2015 年除广东、海南、黑龙江和青海外，其余省份均有桃产量的统计，其中山东、河北和河南三省桃产量在 100 万吨以上，是我国桃三大主产区，产量占全国桃总产量的 43.26%。从面积上看，2015 年除吉林、湖南、上海、北京和福建桃种植面积有所减少外，其余省（自治区、直辖市）均有增加，其中，贵州、西藏、广西、山西等 6 个省份增加面积在 10%以上。

国内桃产业发展不均，栽培管理技术水平存在很大差异，桃产业发展较早的山东、河南、河北、北京等地种植水平较高，产量高，品质较好。而桃产业起步较晚的西南地区种植水平较差，产量也较低。

（三）西南地区桃产业发展现状

这里所指的西南地区主要是云南、贵州、四川、重庆 4 个省（直辖市），是桃产业发展的新区。由于桃树结果早、产量高、管理相对容易，是近年来西南地区发展较快的果树之一，规模仅次于西北、华北、华东。近 10 年来，云南、贵州、四川桃种植净增面积在 1 万公顷以上，四川产量净增 20 万吨，贵州、云南净增 10 万吨。2015 年西南地区桃种植面积达 13.23 万公顷，总产量达 115.48 万吨，分别占全国比重的 15.97%和 8.47%，平均每亩产量 581.9 千克，比全国平均亩产 1 097.8 千克低 47%。云南、贵州、四川、重庆桃种植面积分别比 2014 年增加 10.15%、5.99%、1.96%、1.36%，产量分别比 2014 年增加 7.81%、10.12%、6.15%、8.8%，增加最快的是贵州。云南、贵州、四川、重庆 4 个省（直辖市）桃种植面积占区域水果种植面积的比重分别为 7.23%、12.03%、7.61%、4.06%，产量所占比重分别为 4.27%、4.36%、5.93%、1.57%。

西南地区是桃种植的新区，地形复杂、山地较多、交通不便，机械化程度较低，种植经验不足，管理粗放，结构不合理，“重栽轻管”现象普遍存在，导致优质果品率低，缺乏市场竞争力。加之采后处理环节薄弱，果品档次低，桃加工业落后，经济效益低下，严重影响了果农种植的积极性。

二、西南地区桃产业发展存在的问题

(一) 盲目过快发展，结构性过剩

一是由于桃种植面积迅速扩大，品种混乱，熟期过于集中，局部出现阶段性过剩现象，加上生产技术不配套，质量意识淡薄，品质差的桃产品扰乱市场，增产不增收。二是不能因地制宜地发展，桃种类、品种布局不合理。桃虽然适应性较强，但品种的区域性也很强，西南地区桃品种的区域程度低，熟期不配套，品种结构不合理，缺乏耐贮运的品种，造成供应期失调。三是桃鲜食品种与加工品种的搭配不合理。西南地区加工企业少，适宜加工的黄桃品种发展较慢，种植面积较小，而鲜食桃发展较快，且集中在早、中熟品种上，晚熟品种较少。

(二) 管理水平较低，果实品质差

西南地区桃生长季节雨水较多，病虫害严重，由于种植经验不足，管理不到位，造成结果部位外移，产量低，只有全国平均单产的47%，盲目追求提早上市、提早采收，品种特有的外观颜色以及风味不能充分表现，是造成品质差的主要原因之一。一些果农不能科学管理，滥用农药和除草剂，污染果品、污染环境，严重影响了果实的质量。

(三) 基础设施不足，设施不配套

由于西南地区经济较落后，地形复杂，桃生产区基础设施建设投入较少，一些桃种植区交通不便，没有田间便道，杀虫灯应用较少，喷灌、滴灌设施较少，而且很落后。同时，由于桃自身不耐贮

运，加之种植的品种多以柔软多汁的水蜜桃为主，果实病虫害严重，加快了果实的腐烂。而西南地区桃的包装、贮藏、运输、加工等产后设施、设备不配套，标准化生产能力弱，造成果品的商品性差。

（四）规模化程度低，缺乏竞争力

西南地区桃生产以单户经营和专业户小规模经营为主体，大面积的规模化种植较少，农民的专业组织化程度低，同时存在着技术水平参差不齐、田间管理混乱、品种调整自由化等现象，致使果园品种混杂，没有规模，不能形成规模化和机械化生产，标准化生产程度低，竞争力不强。

（五）体系不够健全，苗木市场混乱

目前市场上桃砧木质量参差不齐，苗木病虫害严重，老的育苗基地长期在同一苗圃育苗，一些土传病害容易发生，并通过苗木带到别的地方，如根瘤病、根结线虫病等。品种成灾，一些苗木商不管品种是否适应当地气候，只要是新品种，引种到本地后还未结果就取枝条繁殖，或另取别名，蒙骗果农。桃市场混乱，无序经营。

（六）经营方式单一，经济效益低

在桃生产中，桃产业发展还是以传统的生产型为主，与第二产业、第三产业的融合不够紧密，生产、经营方式单一，桃园自身的价值没完全发挥出来，桃产业经济效益差。

第二节　桃产业发展思路及措施

一、桃产业发展的优势

桃的适应性广，栽培相对容易，能够在较短的时间内取得稳定的经济效益。桃除生食之外亦可制成饮料、桃脯、油炸桃片、冰冻桃块、罐头等。桃果汁多味美、芳香诱人、营养丰富，桃花鲜艳美

丽，具有很好的观赏价值，桃果仁具有很好的药用效果。发展桃产业能够取得显著的经济效益、社会效益和生态效益，对人们的生产生活都具有非常重要的意义。

（一）经济效益显著

桃全身都是宝，食用价值和药用价值较高，品种较多，上市时间长，且有广泛的工业用途，市场需求较高，能够给人们带来显著的经济效益。

1. 桃的营养价值丰富　桃果实细腻、口感好，容易消化，适合各种年龄层的人食用，更适宜老年人、妇女、幼儿及体弱病人。

桃果实含糖、有机酸、蛋白质及多种维生素，还含有磷、钾、维生素等多种营养物质及一些芳香类物质，味道鲜美，营养丰富。每100克桃果实可食部分中磷、钾、维生素 B_2、维生素 B_3、维生素C的含量比苹果、梨、葡萄中的含量都高。蛋白质的含量比苹果、葡萄多1倍，比梨多7倍。铁的含量更丰富，比苹果多3倍，比梨多5倍。因此，在国际果品市场，桃被称为“果中皇后”。

2. 桃的药用价值较高　桃果实因含有丰富的营养物质，具有补益气血、养阴生津的作用，大病之后气血亏虚、面黄肌瘦、心悸气短者食用，具有保健作用。桃果实含铁量较高，是缺铁性贫血病人的理想辅助食物。

桃树的很多部分还具有药用价值，其根、叶、花、仁可以入药，具有止咳、活血、通便等功效。桃仁有活血化瘀、润肠通便的作用，可用于闭经、跌打损伤等的辅助治疗；桃仁提取物有抗凝血作用，并能抑制咳嗽中枢而止咳。同时，由于桃果实含钾量多含钠量少，能使血压下降，可用于高血压病人的辅助治疗。桃果实对治疗肺病有独特功效，唐代名医孙思邈称桃“肺之果，肺病宜食之”。

3. 桃的工业用途广泛　桃果除鲜食外，还可加工成桃脯、桃酱、桃汁、桃干和桃罐头。桃仁的含油量高达45%，可榨取工业用油，桃核硬壳，可制活性炭，是具有多种用途的工业原料。

4. 桃的上市时间较长 桃的种植适应性较强，品种较多，桃果实上市时间长，是人们生活中不可缺少的水果。特早熟品种在南方低海拔地区5月上中旬就可以上市，早熟品种6月上中旬上市，中熟品种7月上市，晚熟品种8月中下旬上市，特晚熟品种9月上旬至10月中旬上市。再加上中短期贮藏，一年中大部分季节都有鲜桃上市。

（二）生态效益明显

桃的适应性强，栽培容易，能够在较短的时间内见成效，是山区农业发展较快的产业。同时，由于桃品种多样，花色艳丽，具有很高的观赏价值，能够美化环境，适宜发展乡村旅游，生态效益明显。

1. 适应性强、栽培容易 桃原产于我国，目前已遍布全世界。据联合国粮食及农业组织公布的数据，2014年全世界有80多个国家和地区生产桃，总面积149.5万公顷，总产量2 279.6万吨，比2005年增加近500万吨。桃生产主要集中在亚洲，2014年亚洲桃总产量1 507.1万吨，占世界总量的66.1%；其次是欧洲，2014年桃总产量451.2万吨，占世界总量的19.8%；第三是美洲，2014年桃总产量227.1万吨，占世界总量的10.0%（王举兵，2017）。

2. 品种较多、观赏性好 桃的品种较多，据统计全世界有桃品种1 000多个，我国有800多个。桃除食用品种外，观赏品种也较多，大多数的园林建设中都离不开桃树的点缀，几乎每个地区都有桃花园。桃素有“寿桃”和“仙桃”的美称，平常百姓家房前屋后都喜欢种上几棵桃树，桃果可以食用，桃花可以欣赏。

（三）社会效益较好

由于桃具有显著的经济效益和明显的生态效益，除了销售果品带来的直接经济效益外，还能美化环境，发展乡村旅游，增加就业机会和经济收入，是贫困山区脱贫致富较好的产业之一，社会效益较好。

二、桃产业发展思路及目标

（一）发展思路

桃产业发展应以市场为导向，以效益为中心，以质量为目标，以科技为依托，以产业化为纽带，突出抓好品种改良、结构调整，提高果品质量，全面推进桃产业由面积数量型向质量效益型转变，从而达到栽培有机化、优新品种多样化、果园公园化、销售配送化的发展方向，大力发展产业化、功能化都市型现代果业，促进第一、第二、第三产业的有机融合，实现桃产业可持续发展、果农持续增收。

（二）发展目标

一是实现桃品种区域化、多样化、特色化、国际化。

二是实现桃果实绿色化、优质化、高档化、品牌化，加工品营养化、自然化、情趣化，产品有创新，突出其艺术性和保健性。

三是实现桃种植规模化、集团化，技术规范化、标准化，经营产业化、规则化，信息网络化，利用我国的桃文化，建设休闲农庄、观光桃园，体现文化情趣。

三、桃产业发展的主要措施

（一）创新经营体制，促进桃生产向集约化发展

一是结合产权制度改革和新农村建设，推进土地流转股份制经营体制的实施，即集体收回土地和果树，由公司统一经营管理，年终果农分红。

二是通过成立土地经营专业合作社、土地银行等多种形式，加快土地流转，积极鼓励民营企业家进行规模化、集约化经营。

三是大力推广“党支部＋专业合作社＋果农”的“三结合”经营机制和科技骨干服务队的“金字塔”式管理模式。

（二）创新栽培模式，加快新品种结构调整步伐

在桃栽培管理模式上进行创新，采取Y形、主干形等现代修剪管理新模式。采用园艺整形技术，创造省工、省力、简便易行的艺术树形，大力推行高效、生态、省力栽培，加快桃新品种结构调整步伐，不断提升技术创新能力。

（三）创新服务体系，适应现代果业发展新要求

一是提高良种良法和机械化水平，促进桃产业向集约化、信息化、高效益的方向发展。

二是组建果树修剪服务队、植保服务队、农机服务队等，为果农提供“保姆式”服务，提升果业社会化服务水平。

三是创新科技培训模式、试验示范与推广体系相结合。将桃树栽培管理技术纳入新型农民培训的一个重要内容，采取形式多样的培训方式，大规模开展桃树种植职业技术培训，提高农民科技素质、技术能力和管理能力。加快推进果品产业省工省力技术研究和桃标准园建设，在信息技术、良种繁育技术、园艺栽培技术、节本增效技术等方面取得实质性成果，破解桃产业发展技术难题。

（四）创新安全体系，走有机果品发展之路

一是按绿色农产品质量要求，抓好绿色果品基地建设。

二是建立果品质量、安全检验检测中心，促进生产环节有机化、标准化栽培。

三是加大农业、生物、物理防治等病虫害绿色防控措施，发展环保生态型、低碳型果品产业，实现果品绿色无公害。

（五）创新发展模式，建设都市型观光果园

采取现代化的栽培模式和先进技术，深度挖掘桃产业文化内

涵，发展创意文化产业。发掘桃产业的精神文化功能，不断提高桃文化的影响力，加大休闲购物场所、产品文化介绍、乡村酒家、文化广场等观光、休闲、采摘基础设施建设，加快都市型公园化观光果业发展步伐。建成高标准、高水平、高品位、生态化的都市型公园化观光果园。

（六）创新营销体系，培育果品销售集团组织

一是发挥龙头引领作用，组建果品销售集团，抓品牌、促销售，创新桃产品营销体系建设。

二是建设果品物流中心，形成以果品销售集团为实体、以物流中心为载体的果品销售集散地。

第二章　桃生长发育特性

桃树的生长具有一定的周期性，包括生命周期和年生长周期。桃树的生命周期是指一生中要经历的生长发育时期，可分为幼树期、结果初期、结果盛期、结果后期、衰老期。桃年生长周期是指一年中要经历的生长发育时期，可分为萌芽期、开花期、结果期、收获期、休眠期。了解桃的生长发育规律，是进行桃栽培管理的基础，是在生产中进行科学管理，提高桃规模化种植水平，增加桃产量和经济效益的依据。

第一节　桃树生长对环境条件的要求

桃树在生长发育过程中的不同时期，要有适宜的光照、温度、水分和营养条件，才能满足生长发育的需要。

一、对光照条件的要求

（一）充足的光照可以提高桃的产量和品质

桃树喜光性强，需要足够的光照，才能满足生长发育的需要。光照充足时，枝叶生长健壮，花芽分化饱满，果实品质好、着色好，树体寿命较长。

由于桃树的喜光性，位于树冠外围的枝条，有较好的光照条件，着生花芽多而饱满，果实的品质好，冠内枝条由于缺少光照而易死亡，造成内膛光秃。光照不足时，易使枝叶徒长，同化产物较少，花芽分化减少且不充实，落花落果严重，果实品质变差、着色较差，枝条容易枯死。

（二）光照过强会使树干受灼伤

光照过强，且直射枝干时，易造成桃树日灼病，使树皮裂开，进而发展成流胶等。因此，整形修剪时，在保证内膛不遮蔽的情况下，保留一定数量的短果枝，一是预防树干受灼伤，避免影响生长；二是防止结果部位外移，降低产量。

二、对温度的要求

桃树对温度的适应范围较广，在年平均温度 8～17 ℃下均可栽培，其最适宜的生长温度为 18～23 ℃，成熟期的适宜温度为 25 ℃左右。温度过低易引起冻害和树体生长不良，过高则易导致枝干灼伤。

桃树在休眠期，需要一定量的低温，才能打破休眠，开花、发芽、结果。

（一）不同品种需冷量不同

桃树在冬季生长过程中要有一定的低温，才能打破休眠期，进行正常的萌芽生长、开花结果，称为需冷量，用 0～7.2 ℃低温所累积的小时数来表示。南方品种群多数品种需冷量 400～700 小时以上，而北方品种群需冷量在 900 小时以上。在南方，如果冬季气温偏高，需冷量不够时，就会造成桃树延迟落叶，进入休眠不完全，翌春萌芽推迟，开花不齐，产量降低。在选择品种时，特别是北种南引时，一定要了解品种的需冷量，需冷量 900 小时以上的品种要慎重选择。

（二）不同生长时期的耐寒力不同

桃在生长季节中，以花蕾的耐寒力最强，花次之，幼果最弱，花蕾期能耐－6.6～－1.7 ℃的低温，开花期能耐 0～1 ℃的低温，而幼果期如遇－1.1 ℃低温即受冻害。桃树生长季节，如果温度过低，容易发生冻害，休眠期花芽在－18 ℃的低温下才受冻害，花蕾期只能忍受－6 ℃的低温，开花期温度低于 0 ℃时即受冻害。

三、对水分的要求

（一）耐旱忌涝

桃树喜干燥的环境，在生长期，适宜干燥气候，如果雨水过多，对花芽形成不利，会造成枝叶旺长，落果加重，品质下降。

桃树的根部耐水性极弱，是落叶果树中最不耐水的树种之一，短期积水就会引起黄叶、落叶，甚至死亡，所以桃树忌渍涝，连续淹水 3 天容易造成植株死亡，因此潮湿低洼地不宜栽植桃树。

（二）不同生长季节需要适量的水分

桃树在早春开花前后和果实迅速膨大期必须有充足的水分，果实才能正常发育。春季雨水不足，萌芽慢，开花迟。在生长期，如供水不足，会严重影响果实发育和枝条生长。但在果实成熟期间，雨量过大会使果实着色不良，品质下降，裂果严重，病害如炭疽病、褐腐病、疮痂病等发生严重。

四、对土壤的要求

（一）桃树喜微酸性至中性土壤

桃树对土壤的要求不严，在 pH 4.5～7.5 范围内生长良好，但最适宜的土壤 pH 为 5～6，pH 偏高或偏低都会造成桃树对营养元素的吸收障碍，以排水良好、通透性强的沙壤土最好。土壤不宜黏重，桃树忌涝，忌积水，土壤中水分过多，容易导致根系死亡。

（二）酸碱度影响养分吸收

在碱性土壤中易造成桃树缺铁，引起黄叶病。pH 高于 8 时，易发生缺锌症，pH 低于 4 时，又易发生缺镁症，氮的吸收要在偏酸环境下才能进行。土壤含盐量达 0.28%以上时桃树生长不良或部分致死。因此，在施肥时，必须注意土壤酸碱度的调节，酸性土要多施碱性肥，碱性土要多施酸性肥，过酸土可增施石灰。

五、对养分的要求

在桃树生长过程中，需要大量的氮、磷、钾肥来满足生长发育的需要。每生产 100 千克果实，需纯氮 0.5 千克、纯磷 0.2 千克、纯钾 0.6～0.7 千克。桃树在年生长期中，需要的氮、磷、钾比例约为1：0.5：1，果实发育的中后期为 1：0.5：1.5。除需要氮、磷、钾等大量元素外，还需要一定的中量元素和微量元素来满足桃树生长发育的需要。桃树对肥料的需求具有以下几个特点。

（一）对氯元素很敏感

桃树属于忌氯植物，对氯元素很敏感，土壤或施用的肥料中氯元素含量偏高，会造成植株生长缓慢或停止生长，过高会直接导致植株死亡。因此，在施肥过程中，含氯元素的肥料不宜使用。

（二）对氮肥敏感

桃树在幼树期，如施氮肥过多，常引起徒长，花芽质量差，成花不易，落果多，投产迟，流胶病严重；在盛果期，需氮肥增多，如氮素不足，易引起树势早衰；在果实生长后期，如施氮肥过多，果实味淡，风味差；在衰老期，氮素不足，会加速衰老，如氮素充足，可促进多发新梢，延缓衰老进程。

（三）梢果争夺养分

桃树的新梢生长与果实发育都在同一时期，因而梢果争夺养分的矛盾特别突出，如健壮树落花后施氮肥过多，枝梢生长过旺，容易造成大量落果；弱树如氮素不足，又会引起枝梢细短，叶黄果小，产量和品质下降。因此，应根据树龄、树势和结果量，适时施好花后肥和壮果肥，疏除徒长枝，促控结合，以协调梢果矛盾。

（四）需钾量大

桃树对钾的需求量大，特别是果实发育期对钾的需求量为氮的3.2倍，钾对增大果实和提高品质具有显著的作用。如钾不足，叶片变小，颜色变淡，叶缘枯焦，叶面出现黄斑，叶片早落，落果严重，果实未成熟而果顶先烂。因此，施壮果肥时钾的比例应高于氮，需在果实发育期叶面喷施磷酸二氢钾或硫酸钾，不能施用氯化钾型肥料。

（五）需要微量元素肥

桃树生长期，缺铁严重的会引起叶片黄化，幼叶嫩梢枯死；缺硼会导致大量落花，坐果率低，甚至出现缩果、采前裂果等症状；缺铜会出现许多丛状枝，树体矮化、衰弱，严重时树皮粗糙并木栓化，有时出现开裂流胶现象；缺钙、缺镁都会造成裂果；缺锌会出现小叶病等。因此，可根据实际情况，增施微量元素肥料，以满足桃树生长发育的需要。

第二节　桃树的生长发育特性

桃树各器官的生长发育特性，是开展整形修剪、栽培管理及病虫害防治的重要依据。因此，了解桃树各器官在生长发育过程中形态特征和生理特性的变化，对于提高桃产品的产量和质量都具有重要的意义。

一、根系的生长特性

（一）根系的组成和作用

桃树的根系由主根、侧根和须根组成，是生长在地下部的营养器官。桃树的根系主要有3个方面的作用：一是具有固定树体的作用；二是具有吸收、贮存、运输土壤中水分的作用；三是具有吸收土壤中养分的作用，并将无机养分合成为有机养分贮存、运输到地上部分，供植株生长发育。

（二）根系的生长特性

1. 根系分布浅，水平根较发达　桃树的根属浅根系，对水分反应敏感，水平根较发达，根系的水平扩展度大于树冠的0.5～1倍，深度的扩展只有树高的1/5～1/3。垂直根不发达，一般分布在10～40厘米的土层中，在土壤黏重、地下水位较高的桃园，根系主要分布在10～30厘米的土层中；在土层较深厚的地区，根系主要分布在20～50厘米的土层中，一般80厘米以下土层中根系分布较少。因此，施肥宜施在20～30厘米深的土层中，不宜浅施，否则容易引起根系上浮。

2. 根系生长时间长　桃树的根系在年生长周期中没有明显的休眠期，在一年中只要土温、湿度、通气、营养等条件适宜，周年都可以生长。一般在早春萌芽前60～70天，地温在4～5℃时根系就开始活动，其生长的适宜温度为15～20℃，30℃以上则根系发育不良。一年内根系有2个生长高峰，分别在5～6月和9～10月。

3. 根系生长需氧量高　桃树根系呼吸旺盛，需要的氧比其他果树多，正常生长要求土壤中空气含量达10%以上，新根的生长要求土壤空气含量5%以上，如土壤空气含量在2%以下则根显著变小而枯死。因此，在通气良好的土壤中，桃树的根系特别发达，即使在1米以下深土层中，只要通气良好，根系仍然可以生长。

4. 根系的耐水性极弱　桃树根系耐水性极弱，是落叶果树中最不耐水的树种之一，水淹24小时就会造成植株死亡。因此桃树适宜通透性好的沙性土壤。排水不良、含氧不足的土壤，根呼吸受阻，易变黑腐烂，影响植株生长，甚至造成植株死亡。

二、芽和叶的生长特性

（一）芽的生长

1. 芽的分类　桃树的芽由枝条顶端或叶腋处的芽原基分化而来。根据芽的着生部位、特征特性和功能，可以将桃树的芽分成很多种。

（1）根据芽的着生部位划分　分为顶芽和腋芽（图 2-1），顶芽着生在枝条的顶端，为叶芽，抽生发育成枝条。腋芽着生在枝条上的叶腋处，也称侧芽，可能是叶芽，也可能是花芽或复芽。

（2）根据形态特征和功能划分　分为叶芽和花芽（图 2-2）。

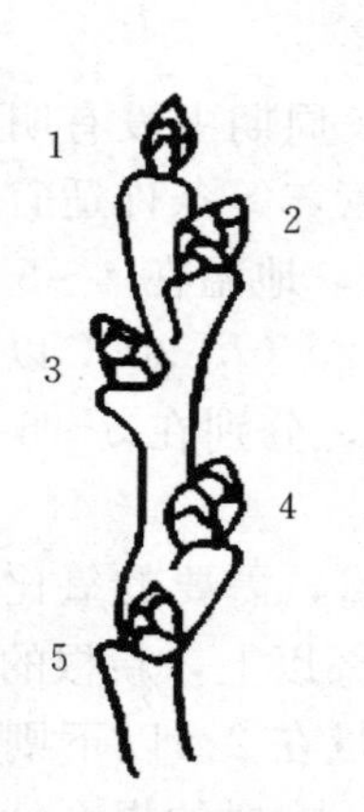

图 2-1　桃树的顶芽和腋芽

1. 顶芽　2～5. 腋芽

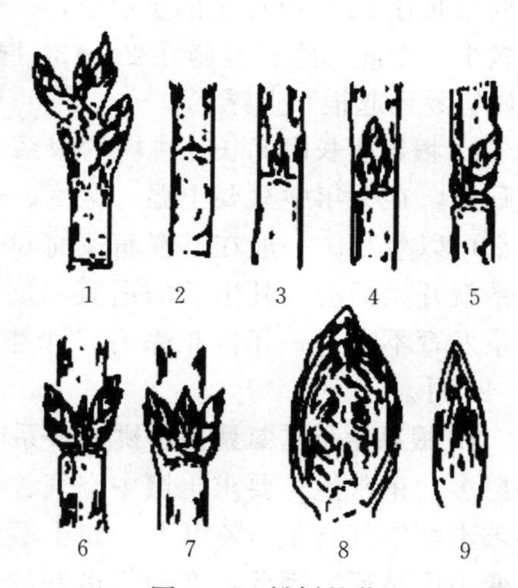

图 2-2　桃树的芽

1. 短枝上的单芽　2. 隐芽　3. 单叶芽　4. 单花芽　5～7. 复芽　8. 花芽剖面　9. 叶芽剖面

叶芽：着生在枝条的叶腋处或顶端，芽体瘦小而且较尖，发育成枝条，如不短截，则继续伸长生长。

花芽：着生在枝条的叶腋间，芽体饱满、肥大，发育后开花结果，且 1 个花芽只开 1 朵花，结 1 个果，不能抽生枝条。

(3) 根据芽的生长特性划分　分为早熟性芽、休眠芽和不定芽。

早熟性芽：桃树当年萌发的芽为早熟芽。

休眠芽：1 年生枝条上的越冬芽在翌夏不萌发，仍处于休眠状态，这种芽称为休眠芽或潜伏芽，也称隐芽（图 2-3）。休眠芽在一定条件下可以活动萌发，寿命较短，生产上需要及时更新。

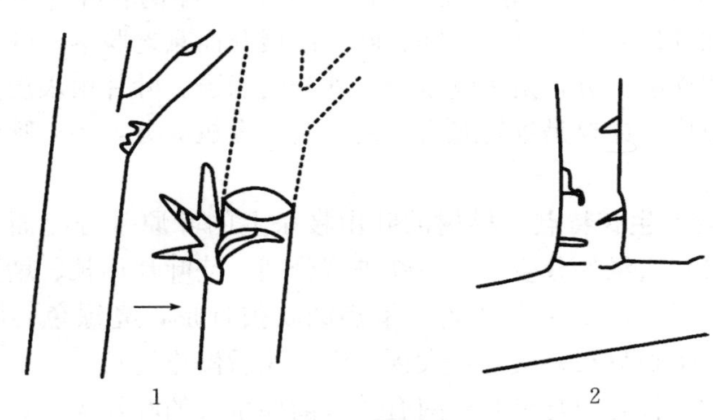

图 2-3　桃树的隐芽和盲节

1. 隐芽受刺激萌发　2. 盲节

不定芽：发生部位不固定的芽称为不定芽，常发生在剪口附近或重剪回缩刺激诱发而生，通常旺长成徒长枝。

桃树有的叶腋没有芽原基，有节无芽，通常称为盲节（图 2-3），此处不发枝，在修剪中要剪去。

2. 芽的生长发育特性

(1) 具有早熟性　桃树的早熟芽可直接分化成枝叶，抽生新梢，条件适宜，1 年内可抽生 3～4 次副梢，甚至更多，而形成多次分枝和多次生长。这对幼树造型和树冠的扩大及提早结果提供了有利条件，在整形修剪时要利用这一特点来扩大树冠，培养理想的结果枝组。

（2）萌芽力强　桃树的枝条除了盲节外，每一个叶腋处都有腋芽（侧芽）。腋芽分为单芽和复芽，单芽有叶芽与花芽。复芽又有双复芽和三复芽，三复芽的中间芽一般为叶芽，叶芽抽生成枝梢。还有早熟芽的多次抽生发枝，加上不定芽和潜伏芽的萌发，一年抽生的枝条较多。同一枝条上芽的饱满程度，单芽、复芽的数量与着生的部位有差异，这与营养、光照条件有关。

（二）叶的生长特点

1. 叶的组成和作用　桃树的叶由托叶、叶柄和叶片组成。托叶着生在叶柄基部，针状，随着叶片的展开而衰老脱落。叶柄是茎与叶片相连的部分，是运输水分和养分的通道。叶片由表皮、叶脉和叶肉组成，主要是进行光合作用，制造有机养分，还有呼吸和蒸腾作用。

2. 叶的生长特点　桃树的叶由枝条上的叶原基分化而来，叶片的叶尖和边缘的分生组织不断进行分裂，使叶片伸长、增宽，长到最大叶时，长 7～15 厘米，呈椭圆状披针形，亮绿色，叶尖细长。叶的生长只有一次，扩大到一定面积后停止生长。

叶的生长时间与出叶时间有关，前期生长的叶片较小，长到最大叶面积所需要的时间较短，约 35 天；中期生长的叶片较大，需要的时间长，约 50 天。叶片展开前生长速度最快，约 10 天，展开后至最大叶面积时需要的时间较长，约 40 天。桃树为落叶果树，叶片衰老时，会逐渐变黄，在叶柄和枝干处形成离层，自行脱落，在营养不良或植物激素的作用下，脱落的时间会更早。单叶的寿命较长，除基部的 4～5 叶寿命短，只有 1～2 个月外，其余叶片寿命 6～8 个月，可以保持到秋末冬初，若营养不良、遇干旱、病虫害等影响，叶片会提前发黄脱落。因此，从叶片的变化可以诊断桃树营养不良或病虫害的发生状况。

三、枝干的生长特性

桃树的枝干主要由骨干枝和 1 年生枝组成，树体结构是以骨干枝为基本骨架形成树冠，骨干枝主要包括主干、主枝、侧枝、结果枝组等（图 2－4），1 年生枝主要是生长枝和结果枝。

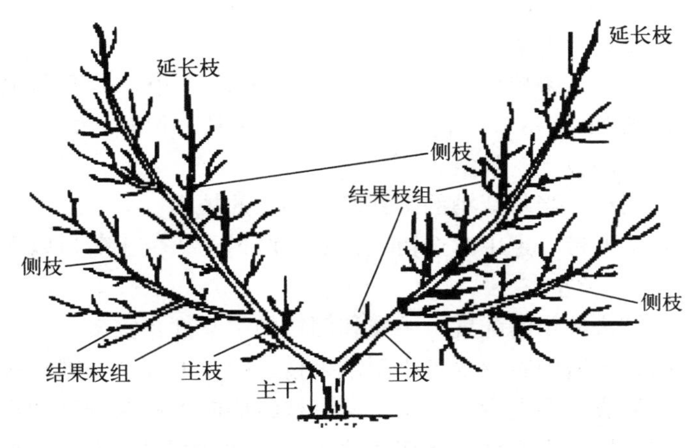

图 2－4　桃树的树体结构

（一）骨干枝

1. 主干　从地面的根颈部起至第一主枝以下的部分为主干。新栽幼树最早发出的新梢，通过定干修剪，形成主干，其下部保留砧木的部分枝干。

2. 主枝　直接着生在主干上的永久性骨干枝。

3. 侧枝　着生在主枝上的固定性骨干枝，侧枝从属于主枝的生长。

4. 延长枝　主枝、侧枝等骨干枝先端继续延长和扩大树冠的 1 年生枝条。

5. 结果枝组　着生在主枝、侧枝等骨干枝上的多年生枝群，由若干个结果枝组成，是结果的主要部位，结果枝组又分成大、中、小 3 类。

（1）大型结果枝组　分枝多，结果枝 16 个以上，高度和距离为 70～80 厘米，长势强，寿命长，可更新。构成：小型枝组＋中型枝组＋枝群＋结果枝。位置：主枝背斜，与侧枝交错。

（2）中型结果枝组　分枝较多，结果枝6～15个，高度和距离为40～70厘米，枝龄4～7年。构成：小型枝组＋枝群＋结果枝。位置：主侧枝背上或两侧，直生或斜生。

（3）小型结果枝组　分枝少，结果枝2～5个，高度和距离为30厘米，枝龄2～3年。构成：枝群＋结果枝。位置：大、中型结果枝组及主侧枝上，补空。

（4）副梢　当年新梢的副芽萌发抽生的枝梢。

（5）整形带　定干时选留主枝的一段树干，位于剪口以下的主干上部20厘米左右。

（6）结果枝组的配置　主枝和侧枝的中下部，宜多留大、中型结果枝组；树冠内膛留少量小型结果枝，树冠上部及外围宜多留小型枝组，形成下多上少的结构。所有枝组应向主枝两侧呈“八”字形分布和发展，大型枝组间距1米左右，中型枝组间距60厘米左右，小型枝组间距30厘米左右，结果枝间距20厘米左右。

（二）1年生枝

桃树的新梢在1年中可多次生长，抽生2～3次枝，幼年旺树甚至可长4次枝。根据其生长特性和作用分为生长枝和结果枝。

1. 生长枝

（1）发育枝　长度大于60厘米，径粗1.5～2.5厘米，生长强旺，有大量副梢，其上多为叶芽，有少量花芽。生长枝一般着生在树冠外围主、侧枝的先端，主要功能为形成树冠的骨架。

（2）徒长枝　长度大于100厘米，枝条粗大，节间长，组织不充实，其上多数发生二次枝，甚至三次枝或四次枝，幼树上发生较多，常利用二次枝作为树冠的骨干枝，成年树可利用其培养枝组填补空缺部位，衰老树则利用徒长枝更新树冠。

（3）叶丛枝　长度5厘米左右，只有1个顶生叶芽的极短枝，长1厘米左右。叶丛枝多发生在弱枝上，发枝力弱，当营养条件好转时，也可发生壮枝，用作更新。

2. 结果枝　桃树的结果习性是第一年生长发育的枝条，在翌年结果，当年生枝条不挂果。枝条旺长、太粗壮的挂不起果，根据挂果枝条的长短和直径分为5类（图2-5）。

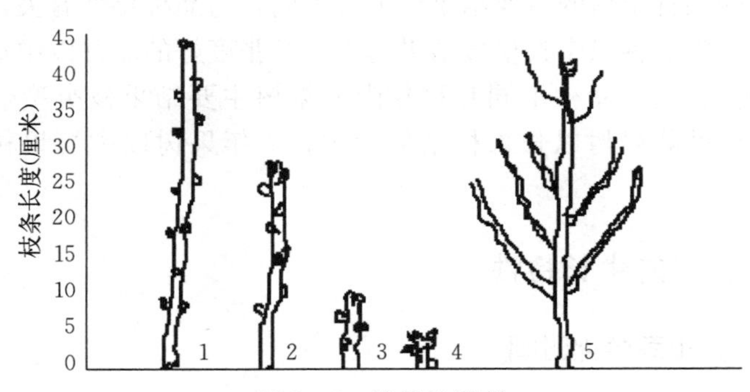

图2-5　结果枝类型

1. 长果枝　2. 中果枝　3. 短果枝　4. 花束状结果枝　5. 徒长性结果枝

（1）长果枝　是指长度在30～60厘米、直径0.4～0.7厘米的结果枝，多分布在树冠的中部和上部，一般有二次枝。强旺的长果枝，花芽少，叶芽多；中庸的长果枝，花芽质量较好，复芽多，花芽比例高，在结果的同时又能抽生健壮的新梢，形成翌年的结果枝，是多数品种结果枝的主要更新枝。

（2）中果枝　是指长度在10～30厘米、直径0.3～0.5厘米的结果枝，多分布在树冠的中部。枝条较细，生长中庸，单芽、复芽混生，结果后一般只能抽生短果枝，是较好的结果枝。

（3）短果枝　是指长度在5～10厘米、直径0.3厘米左右的结果枝，多分布在树冠内膛、结果枝组的下部，或侧枝中下部，生长弱，节间短，叶芽少，花芽多，除顶芽为叶芽外，大部分着生单花芽。

（4）花束状结果枝　是指长度在5厘米以下的结果枝，顶芽为叶芽，其侧芽多为单花芽。花束状结果枝节间极短，分布在结果枝组的下部。

（5）徒长性结果枝　是指长度在60厘米以上、直径1厘米以上的结果枝。徒长性结果枝生长势旺，枝的先端多着生二次枝，枝上花芽少，多分布在骨干枝背上和主枝延长头处，挂果少且容易脱落，一般不留用。

不同品种果树的主要结果枝类型不同，与品种特性有关，一般旺长性强的品种以中长果枝结果为主，开张度好的品种以中短果枝结果为主。同一品种不同栽培年限的果树主要结果枝类型也有不同，一般幼龄果树以长果枝结果为主，成年果树以中短果枝结果为主。

四、花的生长特性

（一）花芽分化时间

桃树花芽属夏秋分化型，一般从 6 月开始，需要 70～90 天的时间，直至开花前完成整个分化。一般成龄树比幼树花芽分化开始早，短果枝比长果枝早。光照、温度、树势等均能影响桃树的花芽分化。因此，在生长量较大的南方地区尤其强调夏季疏剪，及时疏除内膛旺枝、过密枝，改善通风透光条件，有利于枝条的充实，促进花芽分化。

（二）花的特点

1. 花的结构 桃树花芽形成后经过一段时间的休眠，随着气温的升高，逐渐开花，经过花芽膨大、露萼、露红、蕾期、初花、盛花及落花的过程。花单生，先于叶开放，直径 2.5～3.5 厘米；花由花柄、花托、花萼、雄蕊、雌蕊、花瓣组成。花的下面有一个短柄，称为花柄，花柄极短或几乎无柄。花柄上端有一个杯状的结构，称为花托，花托的最外面着生绿色的花萼，萼片卵形至长圆形，顶端钝圆，外被短柔毛，在花没有开放时，它包着花蕾，起保护作用。花瓣长圆状椭圆形至宽倒卵形，一般都是粉红色，也有的是纯红色、深红色，极少数为白色，这与品种特性有关。花瓣以内有很多雄蕊。花的中央是颈瓶状的雌蕊，雄蕊产生的花粉，落到雌蕊的柱头上萌发后，才有可能产生果实和种子。

2. 需冷量与开花　一般桃品种的需冷量集中分布在700～950小时，需冷量在400小时或以下称为短低温或低需冷量品种。桃树开花时间的早晚与地区、品种、温度等有关，我国南方的广东1月开花，西南地区一般在3月上旬至4月上旬。在同一地区，需冷量少的品种开花早，高需冷量品种开花迟。不同品种花期不同，食用型品种一般10天左右，长的也有达15天以上的，如鹰嘴桃。同一品种花期的延续时间与花期的气温密切相关，温度高，开花整齐，延续时间短，温度低则相反。同一品种在不同年份和不同地区开花时间也不同，这与温度有很大的关系，在低纬度低海拔地区开花较早，有一句诗描绘得很恰当："人间四月芳菲尽，山寺桃花始盛开。"

3. 授粉结实　桃树是自花结实率较高的树种，大部分品种能自花结实，自花授粉率可达90％～95％。但异花授粉可以提高坐果率。少数品种无花粉，需配置授粉树。雌蕊柱头通常在开花1～2天分泌物最多，是接受花粉的适宜时期，但保持授粉能力的时间可达4～5天，10～14天完成受精作用。

上年夏季管理不当，桃开花后的1～2周，由于授粉受精条件较差，影响了花芽的分化和花器的形成，或花粉不育、发芽率低，花器不完全或雌蕊退化，子房未膨大而脱落，称为落花现象，有的也列入第一次落果。

五、果实的发育

（一）果实的发育时期

桃为真果，果实由子房发育而成，子房壁内层形成果核，中层形成果肉，外层形成果皮，受精后从开始发育到果实成熟，所需的时间依品种及气温而不同，果实的发育分为3个时期。

1. 果实迅速增大期　从谢花后子房膨大开始到核层木质化以前，子房细胞迅速分裂，幼果迅速增大，这一时期的长短，大部分品种大致相同，一般在45天左右。

2. 果实缓慢增大期 从核层开始硬化至硬化完成为果实缓慢增大期。此期主要是种子的发育，胚充分发育，果实发育缓慢，故又称硬核期。这一时期的长短，因品种而异，早熟品种最短，中晚熟品种较长。

3. 果实迅速增重增大期 从核层硬化完成至果实成熟，这是果实的第二次迅速增大期，果实在第一期的增大，是纵径比横径快，而这一期的增大，是横径比纵径快。同时，果重也相对增加，果实成熟前10～20天增长特别明显，随着果实的成熟生长停止。

（二）果实的落果期

桃果实在发育过程中有3次落果期，其中2次为生理落果，1次为采前落果。

1. 第一次落果期 在开花后2～3周。此时子房已经膨大，一是营养生长过旺。二是结果较多，营养缺乏；或因花期遇阴雨天气，影响授粉；或花期缺氧，幼胚缺乏蛋白质供应，停止发育，均可引起落果。

2. 第二次落果期 已经受精的幼果，在发育的过程中，因胚中途停止发育而造成落果。这个时期在硬核前后，正值胚与新梢都处于旺盛生长，需要大量氮素的时期，如果氮素供应不足，或肥料供应过多，促使新梢生长过旺，夺走了果实发育所需要的营养，就会导致胚缺乏营养，停止发育而落果。

3. 采前落果期 与品种特性和管理有关。有些品种果柄太短，结果枝条在果实膨大过程中也在增粗，枝条过粗，容易把果实“顶”掉，造成落果。还有的由于管理不当，肥料供应不足或过量，受病虫害的影响，或因长期干旱，营养供应不足，果实发育不良造成早熟的假象，引起落果。

桃果实在发育中，除体积增大外，内部的理化成分亦跟着起变化，如糖度提高（淀粉转化为可溶性的葡萄糖、果糖、蔗糖等并积累在细胞液中）、酸味下降、向阳面出现红晕或红色条纹、产生芳香物质、果实变软等。

第三章　桃主要种类及优良品种

了解桃的分类方法及食用桃的种类，是桃生产中进行选种和引种的依据。了解适宜南方地区种植的桃主要优良品种，为桃种植者在桃园建设中品种的选择提供参考，节省品种选择的时间。

第一节　桃的主要种类

桃的分类方法较多，按果形分为普通桃和扁形桃；按果皮茸毛有无分为毛桃和油桃；按核与果肉的粘离度分为离核、半离核和粘核桃；按果肉质地分为肉溶质、肉不溶质及硬肉桃；按果肉颜色分为白肉桃、黄肉桃和红肉桃；按果实成熟期分为特早熟品种、早熟品种、中熟品种、晚熟品种和特晚熟品种等。

我国把栽培的食用桃按地理分布，结合生物学特性和形态特征等，分为五大品种群。

一、北方品种群

（一）分布区域

北方品种群主要分布于黄河流域的华北、西北地区，属南温带亚湿润和亚干旱气候，适宜年降水量 400～800 毫米、冬冷夏凉、日照充足、年平均温度 8～14 ℃的地区。

（二）主要特征

北方品种群具有较强的抗寒和抗旱特性。树势强壮，树姿直立或半直立，发枝力较弱。多数品种的果型较大，果实顶端尖而突起，缝合线较深，不耐暖湿气候，移至南方栽培表现徒长，病虫害重，落果重。

二、南方品种群

（一）分布区域

南方品种群主要分布于长江流域华东、华南和西南等地，年降水量1 000～1 400毫米，温暖多湿，年平均气温12～17 ℃。

（二）主要特征

南方品种群耐寒能力和抗旱能力都比北方品种群弱。果实顶端圆钝，果肉柔软多汁，树冠开展，通常长枝结果，花芽多为复芽。该品种群以水蜜桃系列为主。

三、黄肉桃品种群

（一）分布区域

黄肉桃品种群主要分布于西北、西南等地，随着罐藏加工业的发展，现华北、华东、东北等地栽培面积较大。该品种群对环境要求大体与北方品种群相似。

（二）主要特征

黄肉桃品种群果皮及果肉均呈金黄色至橙黄色，肉质致密强韧，适于加工和制罐头。

四、蟠桃品种群

（一）分布区域

蟠桃品种群主要分布于长江流域及江苏、浙江一带，华北和西北分布较少。

（二）主要特征

蟠桃品种群耐高温多湿，冬季休眠期短，树冠开展，枝条短密，花多，丰产。果实扁平、顶端凹陷，果实柔软多汁，果肉多白色，致密味甜。

五、油桃品种群

（一）分布区域

油桃品种群主要分布在西北各省区，新疆、甘肃等地分布较多。

（二）主要特征

油桃品种群果皮光滑无毛，果肉紧密淡黄，离核或半离核，成熟期较早（5月中旬成熟）。

第二节 适宜西南地区种植的优良品种介绍

桃的品种较多，栽培上比较混乱。目前南方桃栽培品种中，产量、经济性状及抗病性等表现较好的主要有以下几种。

一、早熟品种

（一）春蜜

春蜜由中国农业科学院郑州果树研究所育成。该品种需冷量600小时，果实发育期65天左右。果实近圆形，平均单果重120克，大果205克以上；果皮底色乳白，成熟后整个果面着鲜红色，艳丽美观；果肉白色，肉质细，硬溶质，风味浓甜，可溶性固形物含量11%～12%，品质优。该品种在贵州省余庆县低海拔地区5月中下旬成熟，优质高产耐贮运。

（二）春美

春美由中国农业科学院郑州果树研究所育成。该品种需冷量550～600小时，果实发育期70天左右，核硬。果实近圆形，平均单果重156克，大果250克以上；果皮底色乳白，成熟后整个果面着鲜红色，艳丽美观；果肉白色，肉质细，硬溶质，风味浓甜，可溶性固形物含量12%～14%，品质优。该品种成熟后不易变软，耐贮运，可留树10天以上不落果、不裂果，在贵州省余庆县低海拔地区5月中下旬成熟，优质高产耐贮运。

（三）春雪

春雪由中国农业科学院郑州果树研究所培育。该品种树势开张，需冷量410小时左右，果实发育期70天，适宜栽种范围广。果实圆形，果顶尖，大果型，平均单果重200克，最大果重366克，缝合线浅，茸毛短而稀，两半较对称；果皮全面浓红色，内膛遮阴果也着全红色，果皮不易剥离；果肉白色，肉质硬脆，纤维少，风味甜、香气浓，粘核，可溶性固形物含量16%。该品种品质优、不落果，果实耐贮运，常温下贮存期10天，0℃条件下可贮存62天以上，在贵州省余庆县低海拔地区5月中下旬成熟，早熟品种，优质高产耐贮运。

（四）荔波血桃

荔波血桃从吉桃芽变的植株上选育而来。该品种生长旺盛，抗病，树势开张，丰产稳产，在贵州荔波地区3月上旬萌芽始花，5月初开始着色，5月中下旬成熟。果实生长期60天，果大，离核，挂果期长达15天，耐运输，平均果重150克，最大200克，未成熟时果面青色，果肉白色，着色后果面及果肉变红色，成熟后果面及果肉变深红色，味清香浓甜。着色后的果面有血丝状，因此称为血桃。

（五）加州早甜桃

加州早甜桃由美国加利福尼亚州引入。该品种属早熟甜桃新品种，含糖量14.5%，口感脆甜。果实发育期55～60天，5月中下旬成熟，需冷量400小时。平均果重210克，最大果重300克。果实长圆形或圆形，初熟时鲜红色，后期变成紫红色，极易着色，即使在树膛内部也能全红。果肉白色，成熟后肉质有红丝。果肉属硬溶质，特硬，特耐贮运，采收后常温下可贮放7～10天。

（六）中油17

中油17由中国农业科学院郑州果树研究所培育。该品种5月中旬开始成熟，果实发育期50天左右。果实近圆形，单果重110～173克，白肉，浓甜，可溶性固形物含量11%～13%，粘核，品质优。该品种有花粉，极丰产。

（七）中油19

中油19由中国农业科学院郑州果树研究所培育。该品种为早熟黄肉油桃，6月上中旬成熟，果实发育期69天。果形正圆，端正美观，外观全红，色泽鲜艳，单果重165～250克，口感脆甜，可溶性固形物含量13%～14%，粘核，品质优良。果实留树时间长，极耐贮运，适合建大型基地，远距离运销。该品种有花粉，极丰产。

（八）松森

松森由日本引进。该品种在成都地区6月下旬成熟，平均单果重192克，最大果重310克，果面鲜红色、艳丽，肉脆味甜，含糖量14%，品质上等，丰产稳产，耐贮运。果肉是奶白色，缺点就是花粉不是很多，自花授粉的能力较弱，根据试验，配备春蜜桃授粉。该品种在贵州省余庆县6月上旬成熟。

（九）胭脂脆桃

胭脂脆桃由四川省双流县天元农业有限公司、四川省农业科学院园艺研究所、成都市嘉彩园艺有限公司从山东省引进的桃品种中发现的一个优变单株经多年选育而成。该品种果实近阔心脏形，外观整齐，平均单果重240克，最大果重400克以上。果顶平，果尖略凹陷，少数果实果尖微凸，两半部对称，缝合线宽，较深而明显，梗洼深。果皮底色黄白色，果面70%以上着红色，果面茸毛稀、短，果实成熟后有微香；果肉白色，近皮处红色，肉质硬溶质，汁液较多，味甘甜爽口，粘核，可溶性固形物含量9%～11%。树冠紧凑，成枝、成花能力强，早果性好，以中、短果枝结果为主，自花结实能力强，坐果率高。该品种在2月上中旬萌芽，3月上中旬开花，在成都地区6月初成熟，果实发育期100天左右。树势中庸，树姿半开张，复花芽多，结实力强。叶片较大，花期早且时间较长，花色艳丽，花期达15～20天，花型圆润，花瓣厚大，适合观赏。

（十）早凤王

早凤王于1995年由北京市科学技术委员会鉴定并命名。树姿半开张，萌芽力、成枝力中等，叶片大，花芽着生节位低，其早果性、丰产性良好。该品种对肥水要求较高，对钾肥很敏感，缺钾时果实着色差，个头小，含糖量低，成熟期推迟，影响成花。果实近圆形稍扁，平均单果重250克，大果重420克。果顶平微凹，缝合线浅。果皮底色白色，果面披粉红色条状红晕。果肉粉红色，近核处白色，不溶质，风味甜而硬脆，可溶性固形物含量11.2%。该品种半离核，耐贮运，可鲜食兼加工。6月上旬至7月初果实成熟，果实生育期75天。

（十一）中桃8号

中桃8号为早熟品种，6月上中旬成熟，果实发育期85天。果实近长圆形，平均单果重178克左右，最大果重382克，在贵州省余庆县开花期为3月10日左右，白肉，浓甜，可溶性固形物含量13%～15%，离核，品质优，硬溶质，耐贮运。树势旺，树姿自然开张，成枝率高，花色玫瑰红，花量大，自花结实率高，极丰产。该品种的缺点是果柄的梗凹处较深，容易造成采前落果，修剪上需要多留中、短果枝结果，少留长果枝。

二、中熟品种

（一）皮球桃

皮球桃由成都市龙泉驿区果树研究所、成都市龙泉驿区果树推广站等单位选育。树势中庸，树姿半开张，复花芽多，结实力强，各类果枝着果良好，但幼树以中、长果枝结果为主，成年树以中、短果枝结果为主。果实椭圆形，果顶平，中央微凹，梗洼深，缝合线浅，两侧较对称。果形大，平均果重 210 克，最大果重 350 克，果皮粉白色，茸毛较短，外观极美，果面粉白透红，果肉乳白色，肉质硬脆致密，过熟则肉质变软。该品种风味浓甜，离核，可溶性固形物含量 11%～14%，耐贮运，成都 7 月上旬成熟，贵州省余庆县低海拔地区 6 月下旬成熟，果实发育期 100～110 天。

（二）红不软桃

红不软桃为安徽宝凤苗木成功选育的芽变品种。树势开张很好，单果重 300 克以上，汁多离核，着色早，贵州省余庆县 7 月上中旬成熟，果皮透红，艳丽动人，硬度大、耐贮运，成熟桃在室温下可存放 20 天，不软不烂，上市售期长。该品种抗逆性强，适应面广，在不同海拔地区栽培均表现良好。

（三）沙红桃

沙红桃从日本仓方早生品种中系统选育而成，1999 年 9 月，陕西省农作物品种审定委员会审定通过。树姿较直立，自花授粉，丰产性好。果实圆形，两半较对称，果顶平凹，缝合线明显，梗洼窄深，果个特大，7 月上中旬成熟，平均单个重 280 克左右，最大果重 500 克。果实成熟时全红，茸毛密且短，果皮厚，果肉乳白色，果肉脆硬，肉质细，纤维少，硬溶质，味甜香气浓，粘核，可溶性固形物含量13.1%。过熟时果皮较易剥离，货架期一个多月，不摘不落不软，红色素深入果肉，沙甜可口，耐贮运。

（四）血丝桃

血丝桃从福建引入。树势直立，不耐肥，幼树发枝力差，叶片易感穿孔病。花量大，自花结实率强。幼果生长慢，果面着生茸毛，膨大期后果实生长迅速，茸毛逐渐脱落。果实生长天数60天，平均单果重150克，最大单果重200克，果面红色，果肉红白色，红如血丝，果肉硬脆，可溶性固型物含量11%～13%。果型近圆形，果尖明显，缝合线浅，较对称，4年生幼树不能重剪，冬剪时适当回缩在开张枝处，以枝换头延长生长。结果枝条长放不剪或者轻短截，果实收获后，枝条生长迅速，易大量发生徒长引起内膛荫蔽，要及时进行疏剪。

（五）颐红水蜜桃

颐红水蜜桃为粉红花型，因果近圆形、缝合线浅、果蒂小、外形似苹果，贵州余庆县人称之为“苹果桃”。肉质致密，粘核，耐贮运，晚熟丰产，抗逆性强，在日均温稳定在8℃以上时开始萌芽。该品种在贵州余庆县的萌芽期是2月20日前后，3月初盛花，花期12～15天，谢花后即进入幼果膨大期，需35～40天，再经过20～25天的硬核期后，于5月20日前后进入第二次果实迅速生长期，一般7月20日前后开始成熟并分批采收，8月中旬全部采收结束（高海拔地区在8月下旬），整个成熟期20～25天，从萌芽至落叶约266天。

（六）黄桃83

黄桃83为日本品种。蔷薇形花，坐果率高，7月初成熟，平均果重200克。果皮金黄色，果肉橘黄色，果核周围无红丝，不溶质，味甜稍酸，有浓郁香气。核小，加工出肉率高，也适合鲜食用。

（七）黄冠

黄冠也称黄金冠，由西北农林科技大学培育。该品种7月上旬成熟，平均单果重210克，味酸稍甜，肉不溶质，核外无红色，适合罐头和速冻，加工利用率高。该品种坐果率高，抗病力强。

（八）中油20

中油20由中国农业科学院郑州果树研究所培育。该品种属中熟白肉油桃，SH肉质（又名“石头桃”，果实表现为硬度高、肉质脆、挂果时间长且采后肉质较长时间不会变软，同时可溶性固形物含量较高），7月中下旬成熟，果实发育期110天。果形圆，外观全红，色泽鲜艳，单果重185～278克，口感脆甜，可溶性固形物含量14%～16%，粘核，品质优良。果实留树时间长，极耐贮运。该品种有花粉，极丰产。

（九）锦绣黄桃

锦绣黄桃由上海市农业科学院培育。平均单果重220克，最大果重400克左右，果皮金黄色，带红晕，肉色金黄，可溶性固形物含量13%～16%，核小。果形整齐匀称，成熟后肉质较软，有香气，风味诱人。树势旺，树姿开张，1年生枝黄褐色，新梢绿色，光滑，有光泽。叶片深绿色，叶片平滑，披针形。植株萌芽率高，成枝力强，长、中、短枝均能结果，铃形大花，粉红色，雌雄蕊等高，花粉量大，自花授粉，8月上旬果实成熟，生育期120天左右。该品种是加工及鲜食兼用品种。

三、晚熟品种

（一）鹰嘴桃

鹰嘴桃从广东省河源市引进种植，由于其形状是一个大圆形，而蜜桃的底部形状像老鹰嘴部的形状，故被人们称作鹰嘴桃。该品种在贵州省余庆县2月下旬开花，花纯红色，花期较长，10天左右，8月中旬成熟，果面绿白色，一般单果重150克左右，最大果重300克，果肉白色，近核部分带红色，肉质爽脆清甜有蜜味，可溶性固形物含量14%～16%。

（二）彩虹桃

彩虹桃为贵州省园艺研究所从永乐乡燕红桃的芽变种中选育出来的晚熟品种，2011年贵州省农作物品种审定委员会审定通过。该品种在贵阳地区8月中旬成熟，果实发育期约140天，平均单果重296克，最大单果重475克。果实扁圆形，果顶略凹陷，果实缝合线凸出成暗红色一线，两半部对称，果实底色黄绿色，果面着色70%以上；果肉绿白色，肉质细嫩，近核处有放射状红色条纹，半离核，可溶性固形物含量14%。

（三）中华寿桃

中华寿桃是从我国北方冬桃自然芽变中选育出的新品种。树势较旺，在贵州余庆9月下旬成熟，适合套袋。最大果重可达1.2千克，平均单果重均在300～400克，品质好，色泽美，成熟后的大桃颜色红白，外形美观，果肉软硬适度、汁多如蜜，食后清香爽口，含糖量可达18%～20%，并含有多种人体所必需的维生素及氨基酸等。该品种抗寒性强，花芽冻死率低，抗旱，不耐涝，耐瘠薄，南方种植在海拔800米以上区域较好，低海拔地区种植遇暖冬因需冷量不够，挂果少。

（四）简阳晚白桃

简阳晚白桃由上海水蜜桃中熟品种变异株选育而来，2003年通过四川省农作物品种审定委员会审定。树势中等，萌芽率较高，成枝力较强，1年抽生2～3次副梢，适应性广，抗性强。在四川简阳，3月上中旬开花，8月5日前后成熟，自花授粉坐果率达90%以上，丰产性好，8年生树，平均株产85千克左右。果实近圆球形，平均单果重250克，果皮底色黄绿色，有片状红晕，成熟后易剥皮。果肉软溶质，粘核，近核处紫红色，可溶性固形物含量12.4%～14.5%，富含香气，风味浓甜，品质优。

（五）映霜红桃

映霜红桃由山东青州市果树站于1998年用冬雪蜜桃作母本，中华寿桃作父本进行人工杂交，经8年时间选育出的新品种。该品种具有晚熟、耐贮藏、个大、味美的特点，耐旱、耐瘠薄，在成都地区10月中旬成熟，平均单果重230克，最大可达500克，果面着鲜艳的玫瑰红色，光彩亮丽，可溶性固形物含量18.1%，果肉硬度大，脆甜可口，清香宜人。树姿较开张，叶深绿，叶片大，叶脉网状，花瓣粉红色、半开张，花粉量大，萼筒小。果实圆形，纵径7.2厘米，横径7.8厘米，果形端正；果皮厚，光滑；果肉乳白色，近核处粉红色；果核小，果实可食率97%。幼树健旺，直立，停长晚，年生长量大，结果后树势中庸，树冠开张。1年生枝生长旺盛，具有多次生长习性，幼树以中、长枝结果枝为主，树势缓和后以中、短结果枝结果。该品种具有裂果缺陷和着色差的缺点，因此必须采用果实套袋来弥补。

（六）瑞蟠21

瑞蟠21由北京市农林科学院林业果树研究所通过利用与瑞蟠4号杂交选育而成，为晚熟白肉蟠桃品种，9月上旬果实成熟。树姿半开张，1年生枝阳面红褐色，背面绿色。树势中庸，树冠较大。花芽形成较好，复花芽多，花芽起始节位为1～2节。各类果枝均能结果，以长、中果枝结果为主，自然坐果率高，丰产。叶长椭圆披针形，叶面微向内凹，叶尖微向外卷，叶基楔形近直角，叶绿色，叶缘为钝锯齿。花蔷薇形，粉红色，有花粉，萼筒内壁绿黄色，雌蕊与雄蕊等高或略低。果实扁平形，平均单果重180克，最大果重210克，果个均匀，远离缝合线一端果肉较厚，果顶凹入，缝合线浅，梗洼浅而广，果皮底色为黄白色，果面着紫红色晕，茸毛薄，果皮难剥离。果肉黄白色，皮下无红丝，近核处红色，肉质为硬溶质，多汁，纤维少，风味甜，较硬。

第四章　桃树育苗技术

桃苗是桃园生产的前提，关系到桃的生长、结果、品质和效益，桃苗质量的好坏直接影响定植成活率、桃园的整齐度、进入结果期的年限和经济寿命，进而影响产量、质量，劣质桃苗会直接损害生产者的利益和生计。大面积栽培的桃苗主要是通过培育砧木，进行嫁接繁育。

第一节　砧木实生苗的培育

一、准备苗圃

（一）苗圃地选择

苗圃是用作育苗的地块，分为砧木培育区和嫁接育苗区。有的育苗场砧木培育后不再移栽，直接嫁接。苗圃地选择应满足以下几个条件：

（1）地形一致，地势平坦，背风向阳。

（2）土层深厚、土壤肥沃、质地疏松、排水良好的沙壤土。

（3）水源充足，有良好的灌溉条件。因为，种子萌芽和生根、发芽都需要保持土壤湿润。幼苗生长期根系较浅，耐旱力弱，要及时灌溉或浇水。

（4）忌重茬，重茬地病虫害较重，容易让幼苗带病。

（5）交通便利，方便育苗物资的运进和培育好的苗木运出。

（二）整地施肥

苗圃地选择好后，进行深耕，每亩施入腐熟农家肥 3 000～

3 500 千克，耙平整细，肥料混合均匀。

二、准备种子

（一）备足种子

在我国南方，砧木主要采用毛桃，其耐湿力强，根系发达，须根多，嫁接亲和力强，成活率高。选用当年充分成熟的毛桃果实（成熟期 6～7 月），除去果肉杂质，洗净种核并阴干，筛选饱满、均匀一致的种子作为砧木种，根据地需要培育的苗木数量备足毛桃种子，宜多不宜少。毛桃种子千粒重约 4 200 克，要求种子纯度在 95%以上，发芽率在 90%以上。

在市场上购买毛桃种子时一定要选新鲜饱满、无破损、无裂痕的种子。准备好的种子要存放在通风阴凉处备用。

（二）种子处理

毛桃种子外面有一层硬壳，要经过一定的处理才能萌芽生长，一般采用沙藏种子或温水浸种的办法。

1. 沙藏种子 一般在春季播种的种子才采用此种方法处理，于播种前 2～3 个月进行，先将准备好的种子用清水浸泡 1～2 天。准备一个能透水的木箱，放置在背风向阳处，箱底放 3 厘米厚的河沙，沙的湿度以手握成团、松手即散为宜。然后放 1 层种子、1 层沙，逐层平放 3～5 层，最上 1 层放湿沙，用塑料布盖上保湿，5 天左右翻动 1 次，翻动过程中选出霉烂的种子。如沙的湿度不够，需喷水，保持湿度。

如种子量较多可挖坑贮藏。选择地势较高、排水良好、背风向阳的地块挖坑，根据种子数量选择坑的大小，坑的深度在地下水位以上，最好不超过 1 米。坑底放石子，上面加些粗沙，再铺 3～4 厘米的湿沙，然后将种子与湿沙混合，放入坑内，种子与沙体积比为 1∶(3～5)，或 1 层种子 1 层沙交错层放。沙子湿度以手握成团、松手即散为宜。种子堆到离地面 10～20 厘米处时，上覆 5 厘米河沙，再放10～20厘米厚的作物秸秆或盖塑料膜保湿，四周挖好排水沟。存放期间注意检查温度、湿度及通气状况，并及时调节。

经过沙藏的种子，在播种前选萌动的种子进行播种。如果在播种前种子仍未萌动，可在播前用冷水浸种3～5天，每天换1次水，浸种后每天在向阳处暴晒2～3小时后堆起来加覆盖物保温保湿，直到种子萌动后即可播种。

2. 温水处理　在10月中下旬播种的种子，可在播种前1周左右进行温水处理。种子先用0.5%高锰酸钾浸种半小时进行消毒后，用50℃左右的温水（“两开一凉”）浸种，放入种子后不断搅拌至冷凉，随即用冷水浸种5～7天，每天换一次水。或用10%石灰水消毒，清水浸泡7天后播种。

三、播种育苗

（一）播种时间及方法

1. 10月中下旬播种　在播种前15天左右，在准备好的苗圃地上，每亩施硫酸钾型复合肥20千克，充分与耕层土壤混合，然后按1.5米开厢，保持厢面宽1.2米、沟宽0.3米，平整厢面，保持厢平沟直。分厢密播，每平方米播种150～160粒种子，播种后盖细土2厘米，浇透水，搭小拱棚盖塑料薄膜，保温保湿，促进种子发芽整齐，提高出苗率。

待翌年4月初，苗高10厘米左右、3～4叶时进行移植。移植前一天喷施50%多菌灵可湿性粉剂800倍液，预防带入移栽苗圃的病害。移栽用地与育苗用地标准相同。

根据育苗的目的来确定移栽密度。一是直接培育嫁接苗的，每亩栽0.8万～1万株，行距30～40厘米，每厢栽3～4行，株距20～25厘米，等到秋天落叶后即可进行嫁接。这种方法可以节省人力。二是培育毛桃苗出售或另选田块移栽再进行嫁接育苗的，每亩栽2万株左右，行距20～25厘米，每厢栽5～6行，株距15厘米左右，行株距适宜，不能太稀，太稀会使毛桃苗旺长，到嫁接时枝干太粗，操作速度慢，且嫁接成活率低。等到秋季落叶后，将苗带泥取出，按每亩 0.8 万～1 万株进行移栽，成活后即可进行嫁接。这种方法可以节约育苗用地。

2. 翌年 3 月播种　准备苗床，将沙藏的种子选萌动的进行播种，不进行小苗移栽。播种方法与 10 月中下旬播种的相同。

也有的在播种时按行距 20～30 厘米、株距 6～10 厘米进行条播，待幼苗长到 3 叶 1 心时，进行匀苗，每隔 1 株匀 1 株，将匀下的苗再按行距 20～30 厘米、株距 20～25 厘米进行移栽，对未出苗造成缺窝的也要用匀下的苗补上。出苗后要做好田间管理。

（二）苗床管理

嫁接前，幼苗要进行 2～3 次追肥，第一次追肥在幼苗 4 叶左右或移栽成活后 7～10 天施用，每亩用尿素 8～10 千克兑清水淋施。第二次追肥在 6 月苗木速生期施用，每亩用硫酸钾型复合肥 20 千克兑清水淋施。第三次追肥在 9 月进行，亩施硫酸钾型复合肥 40 千克兑清水淋施。下雨天要注意排水防涝，以促进根系生长发育。在幼苗生长期，注意防治蚜虫、红蜘蛛、缩叶病、穿孔病等病虫害；苗木生长期，要及时除草，要做到“除早、除小、除了”。

第二节　嫁接及嫁接苗管理

一、嫁接

（一）接穗处理

选品种纯正，生长健壮，无病虫害，并且是盛果期的果树作采穗母株，选用已木质化的当年生新梢，随采随接。但是，在外地采集的接穗，要选择落叶后采集，每 40～60 根成一捆，在接穗捆上挂牌标记，标明接穗的品种名称、采集地点和时间，用塑料布包裹，防风吹和水分流失，及时运回进行嫁接。

（二）嫁接时间

桃苗嫁接一般选在立秋后或春天砧木萌芽前嫁接，当地气温低于5℃时停止嫁接。由于嫁接技术的发展，夏季也可嫁接，但夏接的桃苗木质化程度不够，质量较差，苗较弱，移栽成活率较低。按计划培育的品种数量划分区域，进行统一编号，对小区、厢内计划种植的品种进行登记建档，使各类苗木准确无误。

（三）嫁接方法

桃树的嫁接方法较多，有芽接和枝接。芽接又有T形芽接和带木质部芽接；枝接又有切接、劈接、腹接、靠接、舌接等。生产上主要采用带木质部芽接或切接，嫁接成活率高，但有些需要高位换接改种的果园选用腹接。在这里只介绍生产上常用的嫁接方法。

1. 带木质部芽接 先在芽的下方0.5厘米处向下呈30°角左右斜切一刀，深达接穗直径的1/3，再从芽上方1.5～2厘米处向下斜切一刀，与芽下切口相接，取下一盾形带木质芽片。在砧木距地面5～10厘米处，选一光滑部位，削一个与接芽同样形状、稍长于芽片的切口，注意下部切口的斜度和深度与芽片基本一致，嵌入芽片，使芽片与砧木切口吻合（最好露白）或对齐一边形成层，随后用塑料薄膜将接口绑严、绑紧。春季嫁接时，芽体一定要绑在外面。接好芽后剪去接芽上方的砧木。

检查成活：芽接后7～10天，检查嫁接成活情况。一般芽色新鲜，即为成活。未嫁接成活的要及时补接。

2. 切接 切接是南方育苗最常用的方法。用同时带有花芽和叶芽的1个饱满复芽的枝条为接穗，将接穗下部顶端芽的反侧，先削成一个长1.5厘米的斜面，再在削面对侧削一短斜面，注意不要伤到芽。将砧木在地上根茎6～8厘米处截断（低接），削平截口。再在砧木木质部的外缘平滑处向下直切，深度与接穗切面相当，约 2 厘米，把接穗插入砧木的切口内，使长削面向内，并使接穗与砧木的形成层对准，密切接合。最后，用塑料条将嫁接处绑扎严实，砧木和接穗的剪口一定要封严实，防止失水，影响接穗成活。

以上 2 种方法，在秋季嫁接或春季嫁接，均可以先剪砧，覆盖地膜，再进行嫁接，地膜有保温、保湿、保肥及防除杂草的作用，可以提高嫁接成活率和嫁接苗的质量，节省除草时间和劳力。在试验中发现，盖黑地膜嫁接优于盖白地膜，盖黑地膜的嫁接苗高度和粗度都有明显增加，并且杂草较少。

3. 腹接 腹接在砧木和接穗粗度差异很大或高位接换种时采用，一般在夏末秋初进行。接穗的下方各削长约 2.5 厘米的削面，呈楔形，长边厚，短边薄，接穗留 2～4 芽短截。砧木在离地面 10 厘米处平截，在其侧面斜开口，开口一般不要超过砧木中轴线，将接穗插入砧木切口，使形成层对齐，用塑料条将接口绑紧。高位换接在需要换接的果树上，剪去主干上旺长的枝条后，再进行嫁接，接穗成活后剪砧。

(四) 嫁接中需要注意的问题

不论采取那种嫁接方法，要保证桃嫁接苗的成活率，都必须做到以下几点。

1. 嫁接速度要快 尤其是接穗削好后，如果嫁接速度慢，接穗切口的形成层就会被氧化，导致成活率降低。

2. 切口削得要平整 只有接穗和砧木的切口平整，才能紧密贴在一起，便于愈合。

3. 密封要严 密封不严会造成嫁接部位失水，避免接穗抽干死亡。

4. 形成层要对齐 这是嫁接技术的关键，只有砧木和接穗的形成层产生的愈伤组织接触才能形成愈合组织，进而成为一个整体。

5. 接穗与砧木之间要露白 这是生产中最易忽略、影响嫁接成活的主要因素。实践证明，接穗和砧木贴实后，接穗露出砧木面3毫米左右，可促进砧、穗愈合。

二、嫁接苗管理

（一）检查成活率

嫁接后10～15天，即可检查成活，凡接芽变黑、一触即落者，即未成活，对未成活的接芽，要及时补接。

（二）剪砧

对于腹接的高位枝芽，待芽接成活后，及时剪砧除萌。对于嫁接前未剪砧的芽接成活苗，于翌春发芽前在接芽上方0.5厘米处剪砧，促其接芽萌发，砧木需及时除萌。

（三）除萌

嫁接芽以下的萌芽，随时抹去，通常要抹2～3次。当接穗芽长至20～30厘米长时，下部一般就不再萌生侧芽了。如果接芽同时长出2个以上新梢，应留下1个长势旺盛的，其余的及时去掉。如果只长出1个新梢，但这一新梢上又有分枝，则无须对分枝进行处理。

（四）肥水管理

早春剪砧后，对未施或少施基肥的苗圃，每亩追施尿素15～20千克，如遇干旱，及时浇水，地膜覆盖的在6月初揭膜施肥，8～9月喷施磷酸二氢钾300倍液1～2次。

（五）病虫害防治

及时防治蚜虫、缩叶病、螨类、潜叶蛾、白粉病等苗木病虫害，重点防治缩叶病和蚜虫。嫁接苗生长期雨水较多，下雨天要注意排水防涝，促进嫁接苗的正常生长。苗圃中出现杂草，要及时人工清除。

第三节　出圃、假植和运输

一、出圃

（一）出圃起苗时间

一般在苗木落叶至萌芽前起苗，秋季起苗等到翌年春季移栽的要进行假植。起苗时按根系、茎、芽的生长情况进行分级。

（二）质量要求

根据《桃苗木》（GB 19175—2010），桃苗木质量标准基本要按纯度、苗木直径、高度等情况分类。

1. 纯度、质量　苗木要求品种纯度大于95%。侧根均匀舒展，无根瘤病和根结线虫病，无介壳虫，根皮与茎皮无干缩皱皮和新损伤，老损伤处总面积不得大于1厘米^2。

2. 分级标准

一级苗：2年生苗（成品苗，播种育砧，冬季或翌春嫁接萌发的苗）侧根5条以上，直径0.5厘米以上，且均匀舒展，苗高1米以上，苗木直径（距离嫁接口上方5厘米处）1.5厘米以上，整形带饱满芽10个以上。1年生苗（当年播种育砧当年嫁接萌发成苗）侧根5条以上，直径0.5厘米以上，且均匀舒展，苗高90厘米以上，苗木直径1厘米以上，整形带饱满芽8个以上。

二级苗：2年生苗侧根4条以上，直径0.4厘米以上，且均匀舒展，苗高90厘米以上，苗木直径1厘米以上，整形带饱满芽8个以上。1年生苗侧根4条以上，直径0.4厘米以上，且均匀舒展，苗高80厘米以上，苗木直径0.8厘米以上，整形带饱满芽6个以上。

生产上，苗高80厘米以上，直径0.5厘米以上，且枝干木质化程度较高的苗都容易成苗，通过施肥管理、重剪后发枝较快。

（三）打捆包装

起苗时要进行分级打捆，每 50 株一捆或根据用户要求进行保湿包装，应挂标签，注明育苗地点、品种、苗龄、等级检验证号和数量等。

二、假植

苗木出圃后暂时不栽种的，需要进行假植，分临时假植和越冬假植。临时假植的苗木应在背阴干燥处挖假植沟，将苗木根部埋入泥土中进行假植。越冬假植的假植沟应挖在防寒、排水良好的地方，埋土比临时假植沟略深一点，埋到嫁接口下的位置，及时检查温湿度，防止霉烂。

三、运输

销售的桃苗，应出具苗木合格证，请当地林业或农业植保植检部门进行植物检疫，并开具植物检疫证书，以防止检疫性病虫害传播。运输前要采取保湿措施，严防风吹日晒。

第五章　桃园规模化生产技术

桃园规模化生产主要以推广适应市场需求的优良品种和科学化的栽培管理技术，获得较高的经济、社会和生态效益。在管理上，推广以种植方式密植化、果树管理简约化、水肥管理设施化、土壤管理有机化、病虫防治生态化、果园管理机械化、果品销售标准化为核心的“七化技术”，是桃园省力化生态栽培的技术集成，达到简化栽培管理技术、提高桃园劳动工效、节约劳动时间、降低劳动强度、减少生产成本、提高生产效益的目的，由“省钱”向“省力”转变。桃园规模化生产与传统桃园管理相比具有更多的优点：一是降低桃园建设成本，便于机械化操作；二是树体矮小，便于管理；三是提前结果，早期丰产，效益倍增；四是果实品质好，提高商品率；五是收回成本早，品种更新快；六是减少农药、肥料用量，减少面源污染等。

第一节　建　园

一、园地选择

桃园要选择交通方便的地势，以丘陵缓坡地、土壤 pH 5.5～7.5、有机质含量高、活土层深厚、地下水位较低、排灌良好、非重茬地为宜。栽植前进行园地规划和设计，包括防护栏、道路、田间便道、排灌管道及沟渠、水池、施药池、管理房用地、品种配置等。果园周围不准有污染源，灌溉用水要达到《农田灌溉水质标准》（GB 5084—2005）要求方可使用。

二、品种选择

要根据当地气候条件、供应市场的时效性和消费习惯、种植产品的用途选择品种，目前市场需求量较大的是口感好、味香甜、抗病性强、抗逆性强、耐贮运的硬溶质品种和适宜鲜食、加工两用型的黄桃品种，以早、晚熟品种较好。大型果园应早、中、晚熟品种搭配，以利于调节市场。

新建果园如选择购买现成的嫁接苗，在购苗时一定要注意以下几点。

（一）根据果园面积大小确定品种搭配

果园面积100亩以下的，选1～2个品种即可，大型果园选2～3个品种，早、晚熟搭配，避免品种过多，不便于果园管理和销售。城市郊区或旅游景区周边，可以建采摘果园，因此需要选择熟期不同的品种，尽量延长采摘期。

（二）不能盲目种植

选择品种时一定要了解品种的特征特性和适应性，购买真实的桃苗。有些苗木供应商为了自己能赚钱，把品种名称改一个新名字，鼓吹是新品种，高价销售；还有些是夸大了品种的优点，如产量高、抗性好、价格低等。

（三）苗木质量要保证

苗木质量要符合国家标准质量要求，选择由正规育苗场培育的优质苗，购苗时要与对方签订合同，要求对方提供“两证一签”（苗木合格证、植物检疫证、苗木标签）和正规发票、品种介绍说明书，苗木标签和介绍内容相符合。

苗木不能带病，特别是根瘤病和根结线虫病，带病苗木种植后生长缓慢，开花结果少，还会将病菌或根结线虫留在土壤中，以后种植别的作物时同样会被侵染。生产上宜选用二级以上标准苗，即苗高 80 厘米以上，苗直径 0.8 厘米以上，整形带饱满芽 6 个以上的 2 年生苗。

三、种植方法

（一）种植密度

由于西南地区桃生长季节雨水较多，植株营养生长过旺等特点，种植密度不能过大，但传统的每亩种植 35～45 株又太稀，难于达到高产的目的。适当增加种植密度，能有效利用土地资源和充分利用光照条件。适宜种植密度要根据土壤条件、桃的品种特性和修剪方式等确定，一般每亩栽 60～110 株为宜，行距 3～4 米，株距 1.5～2.5 米。生产上以 3 米×（2～2.5）米或 4 米×2 米的宽行窄株、Y 形修剪的模式最佳，修剪方法简单，容易掌握，适宜机械化操作，产量高，节省管理成本。密植果园每亩可栽 200 株左右，行株距（2～2.5）米×1.5 米。云南昆明一带光照条件较好，热量充足，可以适当密植，每亩栽 110～300 株，株行距（1～1.5）米×（2～3）米，Y 形或主干形修剪。

（二）种植时期

在苗木落叶后至翌年苗木萌芽前完成，一般 11 月下旬至翌年 3 月前完成。

（三）授粉树配置

不能自花授粉或自花授粉效果不好的品种，需要配栽授粉树，作为授粉树的品种要求花粉量大，与主栽品种花期相遇。主栽品种与授粉品种比例为 5∶1。

（四）定植坑（堆）的准备

南方桃园种植因夏、秋季雨水较多，湿度较大，容易引起营养失调和各种病害，平地用高厢种植或堆栽技术，排水快速通畅，可降低土壤和空气相对湿度，减少涝灾和病虫害的发生。

1. 堆栽或浅坑种植 适宜地势较平的旱地种植，实行堆栽或挖浅坑种植。定植前，要开好边沟、十字沟，按株行距定点，每个种植点施腐熟有机肥 20～30 千克，用四周表土层的泥土堆在肥料上，形成直径 80 厘米左右、高 50 厘米左右的馒头状小土堆，待肥料发酵后栽苗。或在定植点挖浅坑，坑深 20 厘米左右、直径 60 厘米左右，施入腐熟的有机肥，用熟土回填，将四周表土层的泥土继续堆在土堆上，土堆高出地面 40 厘米以上，呈馒头状。

2. 起垄种植 用稻田或地下水位高的土块种植，起垄栽培，以 1～2 行为一厢（密植果园可以 3 行），分厢开沟，沟深 1 米、宽 60 厘米，利于排水，起好厢后，每一厢按株距定点，按堆栽方法准备定植坑（堆）。

3. 等高线种植 适宜缓坡地栽培，山区丘陵缓坡地按等高线种植。定植前，挖定植坑，长、宽各 60～80 厘米，深 40～50 厘米，表土与底层土分开堆放，每个定植坑施腐熟有机肥 20～30 千克，与表土混合后回填，最后填底层土，灌水，土壤沉实后栽植（土层较浅的地块，挖到犁底层即可，用四周泥土堆栽）。在以后的中耕施肥过程中逐步进行水平梯化，沙石多的山区丘陵地进行客土改良。

在条件允许的情况下，采用小型挖掘机挖定植坑。在操作中，挖的表土放一边，底层土放一边，挖好后施肥，挖第二个坑的土填入第一个坑，以此类推，节省劳力和时间。

（五）移栽

在准备好的栽植坑（堆）中间挖坑，栽种桃苗，桃苗栽种前，嫁接口处还包裹着塑料布的，需要去除，剪去过长的须根和主根，种植前将根部放在配有 70%硫菌灵可湿性粉剂 700 倍液或 50%多菌灵可湿性粉剂 500 倍液中浸泡 1 小时以上，使之充分吸收水分和对苗木进行消毒，或用肥土（最好是黄泥土）加 50%多菌灵可湿性粉剂 500 倍液混合成稀泥浆，将桃苗根部裹泥浆，再进行栽植，保证湿度和成活率。栽种时要让桃苗的根系在四周自然展开，再埋泥土，第一次埋好泥土后，用脚踏实，轻轻向上提一提，如果比较松动，埋上泥土后继续踏实，再进行第二次埋土，浇定根水。栽植深度为苗木根颈略高于土面为宜，但必须把嫁接口露在外面。桃苗一定要扶正，特别是一些嫁接部位较高的苗，嫁接的枝条又是侧生的，一定要保持嫁接生长的主干直立，而不是嫁接口下的主干直立。

有些种植户由于事先准备不充分，来不及挖定植坑和施有机肥，可边挖边栽，为了节省人力和时间，挖深10厘米左右的浅坑即可，直径40厘米左右，如苗大则挖大一点的坑，栽植后苗要扶正，四周堆土30厘米左右高，呈馒头状，但不能将嫁接口埋入土中。然后踏实，浇定根水，等到移栽成活后再追肥提苗。

也有的种植户为了抢占先机，节省时间，直接移栽芽苗（也称半成品苗），就是将培植的毛桃苗和所需的接穗取回，利用芽接的方法进行嫁接，不剪砧，直接栽入大田中，待嫁接芽成活后剪砧除萌，这种移栽方式就不用挖定植坑，要浅植，嫁接口要高出泥土表面5厘米以上，更不能伤到接穗，待抽穗的枝条长高后再将土堆扶大扶高。

第二节　田间管理

一、施肥

在施肥过程中，要根据土壤情况、栽培品种的需肥特性、树龄、树的长势等综合考虑，看树施肥，看果施肥，提倡种植绿肥，增施有机肥，实行测土配方施肥。

（一）施肥方法

施肥方法分环状沟施、条状沟施、放射状施肥和全田撒施。

1. 环状沟施　在树冠投影外缘挖一环状沟进行施肥，沟深15～25厘米。这种方法多用于幼树，环状沟的位置应每年随着树冠的扩大而外移。

2. 条状沟肥 适宜成龄桃树施肥。在果树的行间或株间开一条深、宽各20～30厘米的沟，将肥料施入沟中，覆土。这种方法适合机械化操作，最好行间施肥和株间施肥交替进行，开沟起垄栽培的果园大树只能在株间条施。

3. 放射状施肥 以树干为中心，沿水平根系伸展方向挖沟，一般4～6条，沟深、宽同环状沟，距树干1～1.5米处。沟的深度由内向外逐渐加深，内窄外宽。这种方法伤根较少，适于成龄果树施肥，注意每年更换施肥的位置。

4. 全田撒施 将肥料直接撒施在果园中，一般是施用农家肥覆盖行间，或时间紧、劳动力不够时用这种方法，施用化肥时应选择下雨前后进行，利于肥料溶化浸入土壤，让桃根部吸收养分。这种方法节省劳力，但肥料流失较严重，用肥量大，一般不采用。果园施肥量的多少和种类要结合当地情况，实行营养诊断。

（二）施肥时间、施肥量

这里介绍的施肥量是根据大多数品种的需肥特性来确定的。桃不同品种对肥料的需求不同，有的品种较耐肥，施肥量要大一点，才能满足生长需要；而有的品种不耐肥，需要少施肥，否则容易引起枝条徒长，不容易结果或造成落果严重。

1. 幼树施肥 种植前3年的幼树以长树和长枝条为目的，促进树冠的形成，以氮肥为主。

（1）幼树生长第一年 由于幼苗较小，根系不很发达，施肥须少量多次。待新梢长出10厘米左右时，每株施尿素20克，每2个月施1次，连续施3次，以促进发芽抽梢。待9～10月，增施有机肥和磷、钾肥，以满足生长需要，每株环施硫酸钾型复合肥0.1千克、腐熟有机肥20千克左右。

（2）幼树生长第二年 树冠迅速扩大，要增加肥料用量。初春施1次促花肥，每株施用尿素0.1千克，施硫酸钾型复合肥0.2千克，4月、6月各追施1次肥料，促进树冠继续扩大和花芽分化，

9～10月施秋肥，以有机肥和硫酸钾型复合肥为主，每株施腐熟有机肥20～30千克、硫酸钾型复合肥0.5～0.6千克，用开沟机进行开沟施肥，起到松土和切断根系的作用，促进根系快速生长。

（3）幼树生长第三年　初挂果期树冠继续扩大，开花前施1次促花肥，以氮肥为主，每株施尿素0.2千克。前一年秋肥施用量较高的果园可以不施。第一次生理落果期后施1次坐果肥，主要是提高坐果率、改善树体营养、促进果实前期的快速生长。施肥以氮肥为主，配合少量的磷、钾肥，每株施尿素0.3千克，硫酸钾型复合肥0.2千克。果实膨大期每株施硫酸钾型复合肥0.5千克，促进果实膨大和花芽分化，对当年产量和翌年的产量影响都较大。

2. 结果树施肥　根据我国桃产区测定，每生产100千克果实，需纯氮0.5千克、纯磷0.2千克、纯钾0.6～0.7千克。加上根系枝叶生长的需要、雨水的淋洗流失和土壤固定，土壤肥力中等的果园，每年施肥量应为果实消耗量的2～3倍。常规施用方法及用量如下：

（1）基肥施用　每年9～10月是施基肥的最佳时期，以腐熟的农家肥、绿肥或饼肥，加适量磷、钾肥施用较好，要求元素全、数量足、浓度高、比例协调。一般株产80～100千克的大树，每株应施农家肥30～40千克、普钙1～1.5千克、硫酸钾1千克。

（2）花前肥　在花芽膨大时施，以速效氮肥为主、钾肥为辅，结果大树每株施尿素0.3千克、硫酸钾0.2千克。

（3）壮果肥　在果实迅速膨大时施，三要素比例为氮25%、磷35%、钾40%。盛果期一般每株施用尿素0.3千克、普钙0.5千克、硫酸钾0.6千克，或三元复合肥0.75千克（氮、磷、钾比例为15∶15∶15）。

（4）采果肥　早熟品种在采果后施，中晚熟品种在采果前施，每株施尿素0.2千克、普钙0.5千克、硫酸钾0.2千克。一般长势较好的果园不施采果肥，以免引起徒长。

（5）根外施肥　在生长期，还应根据树体和果实生长发育所需的不同养分，用微量元素肥料或磷、钾肥等对水喷施，进行根外追肥。从果实迅速膨大期起，每隔半个月喷施1次0.3%～0.5%磷酸二氢钾，连施用2次，可显著提高果实的含糖量和品质。

可以结合喷施农药，对表现缺氮肥的果树进行叶面追肥，可用0.3%～0.4%尿素或50%沼液。

由于缓释肥的发展，目前生产上推广施用桃专用缓释肥，每年秋季施基肥时用1次，花前不施用，壮果期和采果后根据树的长势进行叶面补充。

二、病虫害防治及杂草防除

病虫害防治以绿色防控为主（见第七章）。

桃园杂草防除的方法主要有种植绿肥或间作矮秆豆科作物、林下养殖、覆盖免耕、人工除草等技术，禁止使用除草剂。种植绿肥或间作矮秆豆科作物、以草抑草、覆盖免耕等方式有很多好处：一是使土壤疏松，果园生草、覆草后，蚯蚓大量活动，使土壤变得疏松，果树根系更加发达；二是提高肥力，覆草桃园改变地下水、气、热环境，微生物繁殖快，土壤有机质含量比不覆草果园增加20%～30%；三是延长肥效，良好的土壤团粒结构，使肥效可持续2～3年；四是减少水分蒸发，抑制杂草生长，控制水土流失，减少桃园病虫害，增加果实着色和减轻裂果，确保果树优质丰产；五是节约成本，每年每亩减少锄草劳动力5个，减少农药用量，保护生态环境。

（一）幼林果园间作矮秆作物

在行间种植2行花生或大豆，套种作物与桃树距离50厘米，在耕作过程中起到松土和除草的作用，大豆还有固氮的作用。收获的作物秸秆可覆盖在树盘上，增加有机质含量，防除杂草。

（二）种植豆科绿肥或油菜

1. 大野豌豆 又称箭筈豌豆，每亩用种3～4千克，于秋季施基肥时撒播在桃树行间，翌年5～6月开花前翻压在土中。或开花期在绿肥行间撒播豆科作物，让绿肥自行腐烂在田土中，在豆科作物开花期用割草机割除，覆盖行间，增加有机质含量，防除杂草的效果较好。

2. 紫花苜蓿　国外进口纯度较高的种子，每亩用种 1 千克；国产种子，每亩用种 2～3 千克。在 3 月播种，植株长到 60～80 厘米时，用除草机割除，覆盖树盘，或翻压在土中。每年可割 3 次，种一次可持续 3 年。

3. 油菜　在秋季施基肥时，撒播种于桃树行间，用常规油菜种子即可，每亩用种 4～5 千克，在翌年油菜开花前翻压在土中，起到抑草和补充有机肥的作用。

（三）林下养殖

桃园中饲养鸡、鹅、疣头鸭（又称火鸭或翻鸭）等家禽，一是家禽可以吃掉害虫和杂草；二是动物在果园中活动，粪便排泄在果园中，增加桃园土壤有机质；三是家禽在活动中，起到一定的松土作用。

1. 放养时间　1～2 年的新栽果园最好在秋季后放养家禽，因树苗较矮小，家禽觅食时会吃掉幼嫩的枝梢，影响主枝的培养，严重时使树生长慢或枯死。

挂果期果园一般全年均可放养家禽，但要求家禽对桃树及果实不会产生破坏作用，特别是果实成熟期，成年家禽可以跳越或飞动，对果实进行破坏，就要进行圈养，等果实采收后再放入果园中。

2. 放养密度　以每亩放养鹅、疣头鸭 10～15 只，或鸡 20 只左右为宜，过多会造成觅食不足，对果树造成破坏，过少则达不到除草防虫的效果。

（四）人工除草

对没有套种矮秆作物或绿肥的果园，每年待杂草开花前用除草机人工割除 2～3 次，杂草覆盖在行间，或在沟施肥料时填埋在土壤中，增加土壤有机质含量。

三、水分管理

（一）根据气候条件进行排、灌水

根据气候情况和土壤墒情进行灌水或排水。长期干旱、土壤墒情较低时需要灌水；而长期下雨，土壤持水量较高时，则需要排水，果园不能积水，以防涝害。

（二）根据不同生长季节进行排、灌水

桃萌芽开花前、硬核期、果实膨大期需水量较高，要保证土壤中水分含量充足。如遇长期干旱，土壤严重缺水的山丘地，采用穴贮肥水方法。用玉米秸、麦秸或稻草等捆成直径15～25厘米、长30～35厘米的草把，扎紧捆牢，在5%～10%尿素溶液中浸泡。依树冠大小，在树冠投影区内侧根层集中分布区挖直径和长度比草把稍大点的4～6个圆形贮养穴，贮养穴围绕树干均匀分布，将浸泡肥料的草把立在贮养穴中央，周围用加入有机肥的泥土填埋踩实，适量浇水，用地膜将穴孔及四周覆盖，地膜边缘用泥土压实，在中间草把处开略低于地面的小孔，用石块堵住，方便以后浇水施肥。根据桃树肥料需要量进行追肥，每次追肥时施在中间草把开孔处，再浇水。有条件的可采用滴灌、渗灌、喷灌或微喷等节水灌溉技术。如遇连续雨天或洪涝灾害，要排水防涝。特别是易于裂果的品种，在果实第二次迅速膨大期水分不宜太多，以免加重裂果。

四、疏花疏果

（一）疏花

桃花芽分化较好，开花较多，在生产上为了控制结果量，常常需要进行疏花疏果。疏花可在花蕾期进行，每个结果枝的一个节上留一个花蕾，其余的疏去，预备枝的花蕾全部疏掉。疏花宜早不宜迟，先疏果枝基部花，留中上部花，疏双花、留单花，左右错开，

预备枝上的花全部疏掉。生产上为了节约劳动力成本，除在一些花芽分化较好、花较茂盛的果园进行疏花外，一般不疏花。

（二）疏果

1. 第一次疏果　可在第二次生理落果期后进行。根据品种特性、果型大小和枝条壮弱决定留果量。留果量依品种、树龄、树势、肥水条件等不同而定。一般早熟品种每 20 片叶留 1 个果；中熟品种每 25 片叶留 1 个果；晚熟品种每 30 片叶留 1 个果。如按结果枝类型决定留果数量，一般长果枝留 4～5 个果；中果枝留 2～3 个果；短果枝留 1 个果。无叶枝条不留果，预备枝不留果。也可根据果间距进行留果，果间距为 15～20 厘米，依果实大小而定。

2. 第二次疏果　可在硬核期进行，此次为最后一次定果，在第一次疏果的基础上，疏去病虫害果、无叶小果、畸形果和僵果，然后疏去过密果、双生果、朝天果等，保留发育正常的大果。留果应留朝下或朝两侧且发育良好的果，长果枝以中部果最好；中、短果枝则以先端果较好。

五、授粉与套袋

（一）授粉

对自花结果率不高的品种，一是种植授粉树（第五章第一节已介绍），二是放蜂授粉，三是人工辅助授粉。

1. 放蜂授粉　开花前 2～3 天，每 60～100 亩桃园放 1 箱蜜蜂；或开花前 7～8 天，每 60～100 亩桃园放 1 000 只壁蜂，置于桃园中间。花期禁止喷药。

2. 人工辅助授粉

（1）采制花粉　取含苞待放的花蕾采粉，剥去花瓣，取出花药，置于干燥、通风的室内，室内温度控制在 20～25 ℃。24 小时后，将阴干开裂的花药过细箩，除去杂质即可得到金黄色的花粉。将花粉放入棕色玻璃瓶中，放在 0 ℃以下的冰箱内贮存备用。

(2) 授粉时间　于主栽品种盛花期，选择晴朗无风的天气，在上午10时至下午3时进行，如果授粉后2小时内遇雨，需要重新进行授粉。

(二) 套袋

易裂果的品种和晚熟品种需要套袋，生产精品果时也需要套袋。

1. 套袋时间　掌握在生理落果基本停止，为害果实的病虫如桃蛀螟产卵高峰发生之前，定果后及时套袋，一般在5月底至6月初套袋。套袋前先全面喷施农药1次，防治病虫害。

2. 套袋方法　选择不同类型具有防治病虫害作用的果袋。套袋时先将纸袋鼓起套住果实，用麻皮或其他材料把袋口束合于果枝上，切勿束在果柄，以免落果。套袋顺序应先上后下，从内到外，做到快拿、快套、快缚，不漏袋。

3. 去袋时间　在采前5～7天去袋，去袋时如日照强，可逐渐将袋去掉。如不需要着色果，可不去袋，带袋采收。

第三节　果实采收管理

桃果成熟后的采收、贮藏、包装、营销等，直接影响到种植者的经济效益，果品销售要标准化，才能获得较高的价值。

一、成熟与采收

果实成熟后，要根据品种特性、规模大小、果实成熟度、果实用途和销售地点的远近等情况，来确定采收时期。

(一) 成熟期识别

桃果实随着成熟度的增加，果实膨大较快，果面茸毛慢慢脱落变稀，果实硬度下降，果面颜色越来越靓丽，富有光泽。糖分含量增高，果实的香味增加。有部分品种成熟期果面颜色变化不大，还需要结合生长期来确定采收时间。

1. 六成熟　果实开始着色，但只是果顶着色，或缝合线及两侧着色，或阳面刚刚着色，果面茸毛多、绿色，果形瘦长，果肉硬、薄，风味很淡。

2. 七成熟　果实底色已由绿色即将转为淡绿色，果实已充分发育，果面基本无坑洼而平展，但茸毛较多，果实较硬。

3. 八成熟　果面绿色已减退成淡绿色（发白），茸毛减少，着色艳丽，果肉丰满、稍硬，果实风味已经基本表现出来。

4. 九成熟　果实已表现出品种特性如红色、乳白色、白色、黄色等，茸毛很短且稀少，果面已充分着色；果肉弹性大，有芳香味，已经表现出品种特有的风味。

5. 十成熟　果皮已完全显示其特有的颜色，多数品种鲜艳美观。白肉品种果实底色呈乳白色，黄肉品种呈金黄色，茸毛易脱落；果肉多柔软多汁，果皮可剥离，不耐运输。硬肉桃肉质变脆，芳香味浓郁，是鲜食品种最佳食用期。

对于着色较早、不容易判断成熟度的品种，主要根据其果实的生长期长短、果面是否富有光泽及果实的弹性来判断，不能仅根据果面是否变色作为适时采收的依据。

（二）采收时期

桃成熟过程中，采摘较早，会达不到果实应有的大小和重量标准，而且果实香味还未出来，品质也难以满足人们的需求。

1. 用途决定采收时期　一般桃在七八成熟就开始采收，由于同一株桃树上的果实成熟期不一致，同一果园同一品种经 3～4 次采收完成。七成熟的桃果作加工制罐头用最好，一些特殊加工用途可以在五六成熟时采收，如销往越南的桃，就要求为五成熟，桃果面还是绿色的时候就采收。鲜食桃以八成熟为最佳，九成熟的桃果，以当地销售为宜。

2. 运输距离和品种特性决定采收时期　一般硬度小、货架期短的品种宜早采，在七成熟时就可以采收；硬度大、货架期长的品种适当晚采。销往外地的桃要适当早采，七成熟就可以采收，采晚了，桃在运往异地销售的过程中由于后熟作用的影响，硬度变小，由于搬运抖动和运输时间长，容易造成破损腐烂。在当地销售的桃可以适当晚采，在八成熟时采收，但最晚也必须在九成熟时采收，采晚了，桃熟透了，容易破皮腐烂。

（三）采收方法

1. 采摘方法 桃果的采收不需要像柑橘、葡萄之类的水果一样用剪子剪去果柄，而是直接用手握桃摘下，但注意桃皮薄肉质水分多，容易破损。在采摘时要先将手洗干净，修剪指甲，再下田采收。用来装桃的工具表面要光滑，一般选用质量好的塑料桶，或选用浅筐，并用草、布料等软质材料衬垫，尽量避免刺伤、捏伤、挤伤果实。一般品种采摘时，先用手掌心托起，全掌握住桃，稍稍扭转，均匀用力，顺着果枝侧上方摘下。对果柄短、果肩高的品种，摘取时不能扭转，而要用全掌满把握住果实，向着果枝光滑的侧面轻轻一扳就下来了。同一株桃树上的果实不是一次性成熟的，采收时，应根据果实成熟度分批采收，一般分 3 批采完。采摘时动作要轻，对果实轻拿轻放。采下的果实应迅速就地分级包装或运往分级包装场，防止受日光暴晒。

2. 采摘时间 采摘桃果应选择阴天或晴天早、晚没有露水的时候，中午温度较高或太阳光强度较大的时候不能采收。刚采下的果实温度较高，要放在遮阴的选果场进行降温、初选分级，有条件的可以放在空调室进行降温、分级选果，将病果、畸形果和有机械损伤的果剔除，根据大小进行分级，用塑料框或纸箱装箱，就近销售的可以送入市场销售，销往外地的要打冷处理，包装运输。

二、桃果实分级、包装与保鲜贮藏技术

（一）分级包装

1. 分级方法 桃果实分级主要包括人工分级与机械分级 2 种。

人工分级是通过人工选果，去除病虫果、损伤果，凭人的视觉与经验将成熟度差异明显、大小差异较大的果实分别放置在不同的分级堆中。机械分级主要依据果实纵横径、果形、质量、果皮颜色、表面缺陷以及生物特性（果肉质地、内含物成分等）研制特定的分级机械，进行自动化、智能化分级，是比较先进的现代分级方式。

2. 包装方法　桃果实皮薄肉软，不易贮运，良好的包装除提高商品外观质量外还有利于桃的贮运。依桃果实采后所处的不同阶段，将包装分为运输贮藏单位包装和销售单位包装2种类型。

运输贮藏单位包装可采用10～15千克的果箱、果筐或临时周转箱等进行定量包装，果实外面用洁净纸包好后分层放置，最多放3层，每层用纸板隔开，层间最好用“井”字格支撑，防止挤压。在木箱或纸箱上需打孔，以利于通风。

销售单位包装则是直接面向消费者，根据市场需求可分为大包装与精细包装2种，大包装与运输贮藏单位包装相似，精细包装一般每箱重量为2.5～10千克，有的为每箱重1～2.5千克，甚至2个或1个果品包装。果实装入容器中要彼此紧挨妥善排列。

包装时应注意剔除有机械损伤的及有病虫害的果实。同时，应按大小进行分级，然后按照级别进行装箱。在箱体上，标明产地、品牌、品种、级别、联系电话等。包装完毕后，即可上市销售。

（二）保鲜贮藏技术

1. 保鲜技术

（1）生物保鲜　用无毒的生物杀菌剂防治桃果实在贮藏过程中发生的褐腐病或软腐病。

（2）真空保鲜　采用10～20千帕的高真空处理桃果实7天以上，可明显提高桃果实的贮藏效果，效果优于普通冷藏。

（3）辐射保鲜　无毒，不改变所处理材料的品质和外形，可以不打开包装直接进行杀虫杀菌，操作工艺简单，易于管理。

（4）臭氧保鲜　通过臭氧强力的氧化性，可以用于冷库杀菌、消毒、除臭、保鲜。由于臭氧具有不稳定性，把它用于冷库中辅助贮藏保鲜更为有利，因为它分解的最终产物是氧气，在所贮食物果品里不会留下有害残留。

（5）化学保鲜　主要是防腐保鲜剂保鲜，作为一种辅助保鲜技术在各种贮藏方式中被广泛应用，如二氯化钙、水杨酸、聚乙烯吡咯烷酮等。

（6）集成技术　多种技术集成应用，增强保鲜效果。

2. 贮藏技术　桃一般不耐贮藏，硬肉桃中、晚熟品种耐贮性较好，如颐红水蜜桃、中华寿桃等。桃贮藏保鲜一般的工艺流程为：采前处理→采收→包装（有隔板瓦楞纸箱、发泡网、保鲜袋、保鲜纸等）→预冷（或预热）→贮藏（低温、波温、高湿、气调、防腐保鲜剂等）→出库。桃的贮藏温度以0℃（国际桃冷藏指南推荐0～1℃恒温贮藏），空气相对湿度以90%～95%较适宜。在贮运中不能结冰，桃果的冰点为－0.88℃，一般在－1℃就有冻害发生。

目前商业上推荐的桃贮运条件除上述低温和湿度外，在气体成分为1%氧气＋5%二氧化碳或2%氧气＋5%二氧化碳的高二氧化碳、低氧气环境下可延缓果实的后熟。

第六章　桃树整形修剪技术

桃树整形修剪，是进行桃规模种植必不可少的管理步骤，果树产量高低、品质的好坏与整形修剪密不可分。整形修剪根据果树生长发育内在的规律，结合本地环境条件、栽培特点，从而调节、控制和促进果树的生长与结果，是桃树衰老与更新之间转化的一种措施。做好整形修剪，使果树达到早产、高产、稳产、优质，从而提高经济效益。合理修剪既可保证果树良好的正常生长，又可延长经济结果年限，还能更新复壮推迟衰老过程，提高产量，克服大小年。通过整形修剪可达到立体结果、调节生长量、平衡树势，调节密度、改善光照、利用光能、调节发枝位置、配好树体结构，调节发芽量、提高果品质量、达到计划生产、改善通风透光条件、减少病虫害的目的。

第一节　桃树整形修剪的意义和作用

一、桃树整形修剪的意义

桃树整形修剪是桃树生产中非常重要的技术措施。它是以桃树的生长发育规律和品种特性为依据，通过对植株枝条进行整形修剪等技术操作手段，对桃树上的各类枝条进行妥善安排，使其协调生长，从而获得更高的产量、优良的果实品质及更高的经济效益。

整形和修剪是相互依赖的配套技术。整形是通过修剪技术，培养和调整桃树的骨干枝，使其按一定的方式配备，形成既符合桃树特性，又适应栽培方式的树体结构和树形。修剪是指在整形的基础上，根据桃树生长和结果的需要，结合栽培措施，每年通过对树冠内枝条的酌情疏除、短截、回缩和摘心等，使之保持良好的树形，达到优质丰产的目的。

二、桃树整形修剪的作用

（一）调节桃树生长与结果的矛盾

生长与结果是桃树生长发育的基本矛盾，生长是基础，结果是在健壮生长前提下的必然趋势。生长过弱或过旺都不利于结果，结果既可以促进营养器官生理功能的加强，同时也削弱生长。协调好生长与结果的矛盾，才能达到桃树稳产、高产的目的。生长与结果的矛盾是桃树修剪调节的主要矛盾，通过修剪可以使生长和结果达到平衡，为高产稳产创造条件。

（二）改善树体通风透光条件

桃树喜光，但又不能让阳光直接照射在树干上，避免受灼伤，需要保持内膛空而不虚，无荫蔽，适当保留部分小枝条遮住内膛树干。通过修剪可以将桃树培养成合理树形和树冠结构，使群体和个体的树冠通风透光良好，增加叶片有效光合面积，延长光合时间，提高光能利用率，可以实现树体上下、内外立体结果，最大限度地转化为经济产量，提高果实品质。

（三）全面改善桃树微生态环境

整形修剪可以调节树冠内叶际和果际间的光照、温度、湿度等微生态环境。良好的群体和树冠结构可以增加通风、调节温度和湿度。微生态环境得到全面改善有利于提高叶片光合效能和果实品质等。

（四）提高工效，降低成本

桃树发枝力强，通过整形修剪实现对树体的有效控制，枝条配备合理，有利于生产管理和机械化作业，提高生产效率，降低人工成本。为了节省财力物力，生产上尽量少用拉枝的方法来改变主枝的伸展方向和枝条的开张角度，可以通过选留上芽、下芽或侧芽的方法，来调整主枝的伸展方向，或通过扭枝、拿枝的方法来控制旺长性枝条的生长，使果树成形后空间分布合理。

（五）促使幼树提早结果，延长结果年限

通过合理的整形修剪，在有效利用土地、光、热资源和空间的前提下，在维持树体健壮生长的基础上达到早结果、早丰产，防止树体早衰，延长丰产年限，实现长期优质、丰产、稳产，提高总产量，从而满足产品市场需求，提高栽培效益。

三、桃树整形修剪的原则

（一）把握好雨天不剪的原则

修剪时间要掌握，不论是夏剪或冬剪，都要选择阴天或晴天早上露水干后进行修剪，在雨天或晴天露水未干时修剪，病菌容易附在剪口上引起剪口处腐烂或流胶。

夏剪要在 6 月初花芽开始分化前完成，否则容易形成二次枝，冬前木质化程度不够，易形成干枝，消耗树体营养，影响整个树形。

（二）把握好夏剪为主的原则

修剪要以夏剪为主、冬剪为辅，夏剪由于枝梢较嫩、较小，可以通过除萌、抹芽、摘心、扭枝等方法完成，劳动强度小，且夏季处于生长旺盛期，修剪对树的损伤较小。通过夏剪，随时疏除徒长枝，减少冬季修剪的工作量，且树的伤口量小，减少病虫危害的风险。

（三）把握好保护树体的原则

枝条的剪口要平滑，与剪口芽成 45°角的斜面，从芽的对侧下

剪，斜面上方与剪口芽尖相平，斜面最低部分和芽基相平，这样剪口创面小，容易愈合，芽萌发后生长快。疏枝的剪口，于分枝点处剪去，与干平，不留残桩。在对较大的树枝和树干修剪时，可采用分部作业法。先在离要求锯口上方20厘米处，从枝条下方向上锯一切口，深度为枝干直径的一半，从上方将枝干锯断，留下一条残桩，然后从锯口处锯除残桩，可避免枝干劈裂。在锯除时，为防止雨淋或病菌侵入而腐烂，锯口一定要平整，可用20%硫酸铜溶液来消毒，最后涂抹上保护剂（保护蜡、调和漆等），起防腐防干和促进愈合的作用。

（四）把握好适量修剪的原则

桃树不同树龄的修剪有所不同，不同树龄修剪需要达到的目的不一样。

1. 幼树修剪要以造树形为主的原则 扩大树冠，全树修剪宜轻不宜重。不疏或少疏枝，但对直立的强旺枝、扰乱树形及妨碍树体生长的徒长枝、竞争枝及着生位置不当、过于密集的长果枝和中庸枝可适当疏除。主、侧枝上的强旺枝和直立枝，如有空间则应重剪或拉平，削弱生长势，促其形成结果枝组。对冗长枝、过密枝、单轴延伸枝、交叉枝应适当回缩，促其形成结果枝。

2. 初结果期修剪以培养结果枝组为主的原则 初结果期桃树长果枝及副梢开始增多，枝条缓放易于成花。修剪要以“轻剪、长放、多留枝”为原则，培养大型结果枝组，对主、侧枝上的斜生枝、水平枝及中、长果枝和小果枝进行缓放，增加结果部位。长枝多去，短枝少去，适当修剪，以利于整形或扩大树冠，增加枝量。更新结果枝时，对主、侧枝均中剪，对长果枝则中剪或重剪，促发旺枝，促进结果。

3. 盛果期修剪以稳定树形和产量为主的原则 盛果期桃树的树形已稳定，生长势较缓和，其主要任务是维持树势，调节主、侧枝生长势的均衡和更新结果枝，防止早衰和内膛空虚，使各种结果枝组在树上均衡分布。3年生枝组之间的距离应在20～30厘米，4年生枝组距离为30～50厘米，5年生枝组距离为50～60厘米。调整枝组之间的密度可以通过疏剪、回缩，使之由密变稀、由弱变强，更新轮换，保持各个方位的枝条有良好的光照。

4. 衰老期修剪以恢复树势和保产量为主的原则　对于进入衰老期的果树，对衰弱的结果枝组进行缩剪，刺激下部萌发新梢，培养新的结果枝组。结果枝组上结果枝重剪，促进新梢萌发更新，多留预备枝，特别是对上部的结果枝重短截，保留果枝基部，使其重新萌发新枝。重剪回缩后，枝组顶端易出现徒长性枝条，应在夏季修剪时摘心促发新枝，使枝组形成大量的饱满花芽。

第二节　桃树修剪常用的方法

桃树修剪主要是夏季修剪和冬季修剪，夏剪和冬剪的作用不相同，方法也不同。生产上以夏季修剪为主、冬季修剪为辅的方法，减轻修剪工作量，节省劳动力，减轻成本负担。

一、夏剪

生产上常把桃树萌芽后至落叶前的修剪统称为夏季修剪。夏季修剪可以辅助整形，抑制新梢徒长，减少养分消耗，改善冠内通风透光，促进花芽分化，提高果实品质和产量。夏季修剪较好的果园，可以减轻以后的修剪量，节省劳动强度和时间，而且对树势生长影响较小。全年夏剪一般3～5次，主要集中在4月下旬至6月上旬。夏季修剪常用的方法有以下几种。

（一）除萌、抹芽

在叶簇期（叶芽抽生新梢长到3～5厘米时）对主枝、侧枝背上部，主干上及延长枝剪口芽的竞争芽全部抹除，对砧木发出的萌蘖应尽早抹除。通过除萌抹芽，可以减少无用的新梢，集中养分，使留下的枝条发育充实，花芽和叶芽饱满。抹芽、除萌可以改善树冠光照条件，大大减少夏剪工作量和因夏剪对树枝造成的伤害（图 6－1）。

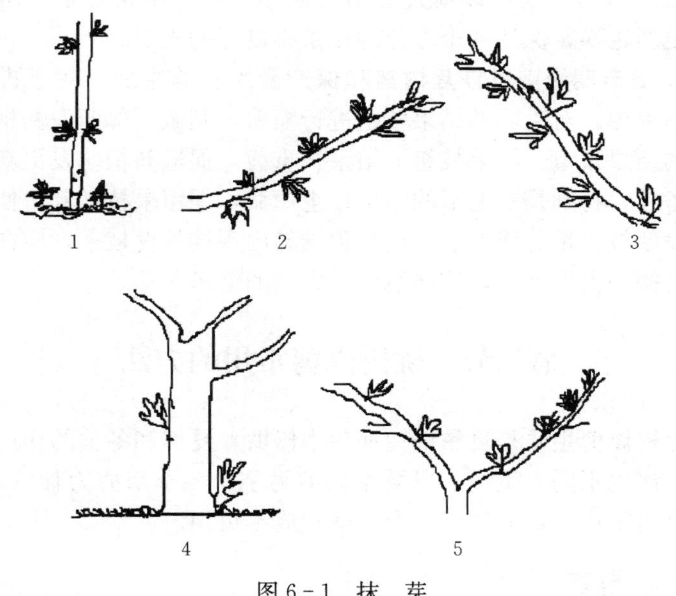

图 6－1　抹　芽

1. 整形带以下芽　2. 对生芽　3. 延长枝竞争芽
4. 主干上的主枝下部萌蘖芽　5. 树冠内膛徒长芽

（二）摘心

春季新梢长到 20 厘米左右时，对新梢摘心，促进下部腋芽萌发新梢。除幼树整形需要或有生长空间需要利用，结果树更新等对主、侧枝的延长枝或徒长枝进行摘心外，桃树的夏剪一般不提倡新梢摘心，摘心容易产生分枝，桃树本身副梢发生量大，摘心更易造成副梢过多、树冠密闭。

（三）扭枝

在新梢半木质化时对主枝和侧枝的延长枝附近的竞争枝，有空间可利用成为结果枝的徒长枝、直立枝，结果枝少或主侧枝易发生日灼部位的徒长枝等，手握新梢基部，轻轻旋转，进行扭枝，控制生长。

（四）拿枝

用手握住新梢，从基部到顶端向下适当弯曲，使新梢木质部损伤而不折断的办法即为拿枝。在新梢木质化初期，针对强旺枝、徒长枝，拿枝可以改变其生长方位和开张角度，缓和生长，促进花芽形成。

（五）疏枝

对主侧枝和结果枝组上的过密枝、病枯枝、未挂果的结果枝可从基部疏除，注意一次不可疏枝过多，疏枝量控制在疏除部位新梢数量的1/3。

（六）拉枝

用人工方法，将枝条向一定方向拉成一定的开张角度。通常用绳子、铁丝等一端埋入地下，另一端拴在枝上，拉开开张角度，将枝条拉到略小于所需开张角度即可。

（七）撑枝

使用木棍、各种树枝等撑开两枝间的开张角度即为撑枝。

（八）吊枝

在枝上坠以重物，拉开大枝开张角度，将枝条拉到略小于所需开张角度。重物不能过重，否则会将枝条拉断。

拉枝、撑枝和吊枝主要用于纠正主枝的伸展方向和开张角度（图6-2），缓和生长势，该方法比较费时费力费财，操作不当还会对树的生长产生影响，生产上一般不采用，可用选留芽的方向来完成。

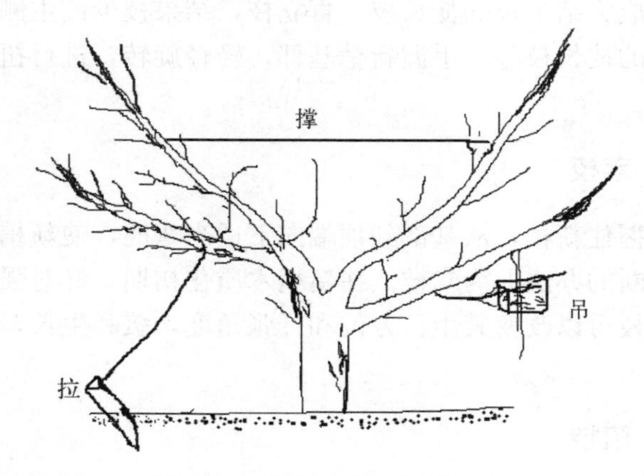

图 6-2 调节开张角度的方法

二、冬剪

冬季修剪是指落叶后至萌芽前的修剪，一般在落叶后半个月开始进行，主要是短截修剪骨干枝和各类结果枝，疏去过密枝、重叠枝、交叉枝、纤弱枝和病虫枝等，培养更新各类型结果枝组，维持营养生长与结果的平衡，防止树体早衰，延长盛果期年限。冬季修剪分为短截、疏枝、长放、回缩等。

（一）短截

将 1 年生枝条剪去一部分称为短截。短截枝条的剪口下必须留有叶芽。桃树的叶芽多着生于枝条的顶端，芽体瘦小而且较尖，如不短截，可继续延伸生长。叶芽也与花芽共同侧生于枝条的叶腋间而组成复芽。所以，修剪桃树时，延长枝的剪口芽，必须留叶芽，才能使新梢继续延长生长，如剪在复芽处，则必须将花芽抹去，否则新梢将无法继续延伸。

短截的作用是减少被短截枝条上的叶芽数量和花芽数量，加强被短截枝条抽生新梢的生长能力，降低发枝部位，增强分枝能力。根据短截量的多少分为轻短截、中短截、重短截、极重短截。

1. 轻短截　轻短截是剪去1年生枝全长的1/5以下，翌年萌发的新梢生长势弱，但抽生的新梢数量多，多用于培养中、短、花束状果枝；或对强壮结果枝轻短截后，增加结果数量，控制新梢的生长。

2. 中短截　中短截是剪去1年生枝条全长的1/2，剪口下均留饱满芽，翌年萌发的新梢生长势强，抽生强壮，新梢数量多，多用于主、侧枝延长枝的修剪。

3. 重短截　重短截是剪去1年生枝全长的2/3～3/4，剪口下芽的饱满程度较差，但修剪量大，因此翌年萌发的新梢生长势较强，但抽生新梢数量较少，多用于对强壮枝控制修剪。

4. 极重短截　剪去1年生枝全长的5/6以上，翌年萌发枝条减弱。这种剪法多用在以发育枝、徒长性结果枝来培养结果枝组上。夏剪时，在6月以前常常用到此方法，对主、侧枝上有生长空间的徒长枝可留基部2～3个节位进行超短截，可培养新的结果枝或中、小型结果枝组。

（二）疏枝

把枝条从基部疏掉称为疏枝，也称剪疏。疏枝可降低树冠内的枝条密度，改善树冠的通风条件，使树体内的贮藏营养相对集中，促进新梢生长；疏枝后会对伤口以上部分起到抑制作用，伤口以下起到促进作用。疏除细弱、病虫、徒长、重叠和过密遮光的无用枝，可对留下的枝条起到促势作用。

（三）长放

长放是指对1年生枝不剪，任其自然生长。长放可使枝条上保留最多的芽量，缓和翌年新梢的生长势。对生长势过强的徒长性结果枝或长果枝进行长放，可以削弱顶端优势，促进中短果枝的形成。

（四）回缩

回缩是指对多年生枝进行短截，又称缩减。回缩是缩到需要留下来的枝条的位置，能减少枝干总长度，使养分和水分集中供应保留下来的枝条，促进下部枝条的生长，对复壮树势较为有利。其作用在于改善树冠内光照条件，降低结果部位，改变延长枝的延伸方向和开张角度，控制树冠，延长结果年限（图6－3）。

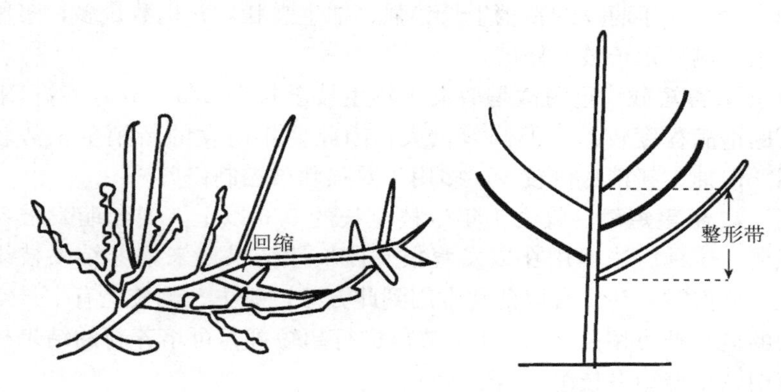

图6－3　回缩与整形带

三、多效唑在桃整形修剪中的应用

由于桃树的发枝力强，生长较旺盛，在生产上通过修剪的方法常常不能调节生长与结果的矛盾时，就会选用控梢剂来控制桃树枝条的生长，培养理想结果枝，促进花芽分化，提高坐果率，达到增加产量的目的。目前生产上常用的控梢剂是多效唑。

（一）多效唑的作用机理

多效唑，又称氯丁唑，属化学合成的植物生长调节剂，经由植物的根、茎、叶吸收，然后经木质部传导到幼嫩的分生组织，通过抑制内源赤霉素的生物合成，抑制新梢的生长，同时对花芽形成、坐果等生殖生长有促进作用。多效唑作为一种广谱、高效植物生长调节剂，可控制桃、李、杏、樱桃、苹果等果树的营养生长，促进成花、丰产稳产。多效唑在幼年桃树和高密度桃园中应用较为普遍，桃树合理使用多效唑，可减少夏季和冬季修剪工作量，并促进花芽分化，提高产量。

（二）多效唑使用条件

1. 生产 AA 级绿色桃产品或有机桃产品时禁止使用　在有机食品或 AA 级绿色食品生产标准中规定：“禁止使用有机合成的化学杀虫剂、杀螨剂、杀菌剂、杀线虫剂、除草剂和植物生长调节剂。”因此，在生产 AA 级绿色桃产品或有机桃产品的过程中禁止使用多效唑。

2. 在 2 年以上的初结果树或旺长树上使用　在桃的生长过程中，幼树要形成骨架、扩大树冠，不能施用多效唑。对初结果期的幼树或旺长树，一是控制肥料的使用量，尤其是氮素肥料的使用要适量，以防引起树势旺长；二是要通过摘心、扭枝、短截、疏除等修剪方式来控制桃树的旺长。这些管理方法无法控制桃树旺长，花芽分化较差导致果树不能正常挂果或挂果后容易造成落果时，要通过施用多效唑来调节生长，促进开花结果。

（三）多效唑使用方法

多效唑在桃树上施用方法主要有土施法和叶面喷施法。

1. 土施法　按桃树的树冠投影面积每平方米施用 15％多效唑可湿性粉剂 0.5～1.0 克，用适量水稀释后均匀浇施或混合肥料施用，有环状沟土施（沿树冠外缘紧贴树干处挖宽 5～10 厘米、深 10～20 厘米的环状沟，施入环状沟内，封土复原）和树盘喷施（药液均匀喷到树冠下的树盘土壤上，浅翻入土使多效唑与树冠下根系接触，较干旱时多浇水）2 种方法，根据树的长势和土壤性质酌情增减，旺长性强的多施，旺长性弱的少施或不施；对黏重土壤施用剂量可稍重，对沙壤土施用剂量宜稍轻。采用土施法，第一年施药取得明显效果后，第二年用量要减半或酌情减少，第三年根据树体反应，一般取 2 年施用量的平均数，既要使桃树生长正常，高产稳产，又不能使树体衰弱，延长结果年限。一般每生长季节施用 1 次即可，在桃树早春发芽前，或晚秋落叶后施用，可控制翌年新梢旺长。

2. 叶面喷施法 用适量干净水把所需多效唑稀释成一定浓度，使用雾化较好的喷雾器均匀喷施新梢生长点及新叶，以叶片全湿、药液欲滴而不下落为度。一般施用15%多效唑可湿性粉剂200～300倍液。桃树的每个生长周期使用次数不超过3次，且2次之间的间隔15天以上。在桃树枝梢旺长前进行（新梢长度5～15厘米时）喷施。早熟桃采果后容易出现旺长，一般用量是15%多效唑可湿性粉剂150～200倍液，新梢控制在30～50厘米较为合理。

第三节 桃树不同树形的整形修剪方法

桃树从嫁接苗定植后就要进行整形修剪，扩大树冠，使其按照种植人员的意愿要求，在挂果时形成一个稳定、高产的群体结构，在维持稳定结构的同时，最大限度地利用其结果枝结果，从而获得较高的经济效益。

桃树整形修剪方法多样，不论按照哪种方法修剪，只要控制好树冠的大小（树与树之间延长枝不能交替重叠，影响田间操作和通风透光性）和合理的结果枝组，都能够获得优质高产。

西南地区生产上推广以Y形、主干形和宝塔形为主的树形，树形结构简单，修剪技术容易掌握，适宜密植，对一些老果园或坡度较大的山坡地，保留三主枝自然开心形修剪方法。由于南方山区光照条件比北方相对较差，机械耕作水平不高，生产上每亩种植密度不宜过大，最好在200株以内，修剪果树的高度控制在2米左右（以田间操作者举起手背能够达到的高度为宜），能够最大限度地利用光照资源，且便于修剪、摘果等田间操作。

一、三主枝开心形修剪

（一）适宜密度

老果园中采用的常规修剪树形，适于每亩栽50～70株，苗木投入较少，植株通风透光条件较好。

（二）树形结构

树高 2 米左右（以田间操作者举起手背能够达到的高度为宜，便于修剪和采摘果实，以下树形相同），主干高 40～50 厘米，基部着生三大主枝，每个主枝留 2～3 个侧枝。在侧枝上培养结果枝组或结果枝，密度较大的果园，三主枝上只培养结果枝组或结果枝，不再留侧枝。

（三）幼树期的整形修剪

主要是嫁接苗种植后的 2 年左右（嫁接苗移栽萌芽成活后开始计算种植年限，以下同）的修剪，修剪宜轻不宜重，重视夏剪，夏剪与秋冬剪相结合，主要修剪手段是抹芽、摘心、扭枝、疏枝、短截、拉枝等技术。

1. 定干

（1）种植成品苗的果园　在离地面 40～50 厘米处定干，剪口下 20 厘米左右处要有 7～10 个健壮饱满的叶芽作为整形带。在带内培养 3 个长势均衡、向四周分布均匀的主枝，萌芽后，整形带以下的芽及砧木上萌发的芽全部抹除。

（2）种植半成品苗（芽苗）的果园　定植后，在接芽上方 1 厘米处剪砧。接芽萌芽后，对砧木上的其余萌蘖芽及时抹除。当幼苗长至 60 厘米以上时，在距地面 50 厘米处摘心定干，定干后的修剪与成品苗相同。

2. 修剪

（1）第一年夏剪　主要是培养主枝。成品苗定干后，主干上新梢长到 10 厘米左右时选留 4～6 个壮梢，当新梢长到 20 厘米左右时选留 3 个长势均衡，又错落生长，空间分布均匀的新梢作为主枝培养，三主枝间夹角 120°，主枝开张角度为 45°～50°。如果没有 3 个合适的主枝，可以选留 3 个长势均衡的新梢作主枝培养，冬剪时通过选留芽的方位来调节三主枝的分布。三主枝选定后，剪去最上一个主枝着生部位以上的主干部分。主枝以下萌发的枝条应进行摘心作辅养枝，过大过密的枝条应进行疏除，控制其生长。主枝长到30～40厘米时，摘心，促进分枝的发生。在整形带内萌芽较少或没有新芽的弱苗，将主干短截至有新梢的位置，有长势均衡、空间分布均匀的3个健壮枝时，可保留作主枝培养。当新梢只有一个健壮枝时，长到60厘米左右时，重新定干促发分枝。

（2）第一年冬剪　将主枝以下的辅养枝全部疏除，对主枝延长枝从产生盲节的前端短截，或剪去木质化程度较差的秋梢部分。短截一定要保留有复花芽或叶芽，花芽不能抽发新梢。主枝延长枝开张角度要好，剪口处一般留枝条背下饱满的芽（称为“下芽”，以下同）。如果是开张角度较大的品种，如红不软，枝条生长较下垂，剪口处就要选留枝条背上饱满的芽（一般称“上芽”，以下同），降低新生枝条的开张角度；方位不正的主枝，要选留饱满的侧芽来纠正方向；如果主枝过旺，要中短截；主枝较弱的，要重短截，留饱满芽发新梢形成主枝。短截过程中，要注意保持各主枝剪口芽的高度基本一致，在剪留的主枝上要保留饱满的侧芽。健壮果树可以在主枝上距主干40～50厘米处选出第一侧枝，同样从盲节前短截，短截时选留外侧芽，剪留长度比主枝短，不能高于主枝。

（3）第二年夏剪　抹除内膛多余无用的芽和主枝延长枝顶部（称为“延长头”）20厘米以内的芽，以防对主枝生长造成竞争，一般在3月中下旬进行。为了培养翌年的结果枝组或结果枝，即保留侧芽发出的新梢，适当选留主枝背上直立新梢或副梢，待新梢长到20厘米左右时进行摘心，注意疏除过密枝和徒长枝，对有生长空间的徒长枝留2～3叶摘心，促进发新梢。摘心一般在5月上旬前完成，如果摘心时间过晚，萌发的新梢木质化程度不够，花芽分化不好，不能结果，在越冬气温较低的情况下，会直接枯死。

主枝延长头剪口芽发出的新梢作为主枝延长枝培养，及时疏除主枝剪口下的竞争枝和剪口处的双枝，使其单枝延伸。对没有选留第一侧枝的果树，用前面的方法培养第一侧枝，对已选留第一侧枝的旺树要在侧枝上培养结果枝，并在主枝上第一侧枝对侧培养第二侧枝，第二侧枝距离第一侧枝 40～50 厘米。

（4）第二年冬剪　首先疏除夏季修剪未处理的徒长枝和旺盛直立枝。

主枝的修剪：随着生长量增加，主枝剪留长度较上一年相应加长（主枝延长枝适宜生长直径为 2～2.5 厘米），通常截去秋梢红色部分或剪去当年生枝条长度的 1/3～1/2。如果各主枝剪口芽在同一高度上，剪口芽一般留下芽。对开张角度小而生长强的主枝可用健壮的副梢（被利用副梢直径应大于 1 厘米，副梢开张角度大可长留，相反则短留，细弱副梢不能留作延长枝）替代原来的主枝。

侧枝的修剪：用前面的方法在各主枝上选留第一、第二侧枝，侧枝直径为主枝的 2/3～3/4，侧枝的开张角度 50°～60°，向外斜侧伸展，剪留长度比主枝延长枝稍短，通常为主枝长度的 1/2～2/3；侧枝应注意避免重叠而造成相互遮阳的弊病（图 6－4）。对已选留第二侧枝的旺树，要选留第三侧枝，与第一侧枝同侧，距离第二侧枝 40 厘米左右，向外斜侧生长，分枝的开张角度 40°～50°。并在第一侧枝上选留结果枝（南方栽培以水蜜桃为主，其结果枝中，枝条横径 0.3 厘米左右的结果枝结果最好），结果枝分布在侧枝的斜侧面，间距 20 厘米左右，其内膛和背下留少量小型结果枝组。

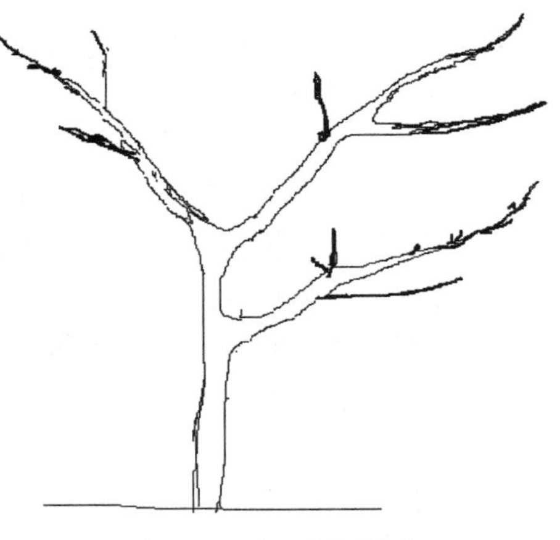

图 6－4　主、侧枝培养

果枝的修剪：幼龄桃树管理较好的情况下，2～3 年就会挂果，幼树果枝节间长，优质花芽集中在中上部，果枝在骨干枝上应按同侧 20 厘米距离选留，旺长性强的果枝长放不短截或轻短截，疏除过密果枝和细弱果枝。健壮的副梢也可留作果枝，主枝延长枝剪口下 20 厘米内不留副梢果枝。

对没花芽的健壮副梢，在枝条较少的情况下应按果枝长度剪留，以增加叶面积而不发生旺枝。在疏除过弱的副梢时注意保留基部芽，否则会形成空节。

（四）初结果期的修剪

经过 2 年的整形修剪，树形已基本形成，进入初挂果期，结果数量逐年增加，经过 2～3 年初结果期的培植，才能达到稳定的盛果期。

初结果期树的生长势仍然很旺盛，树冠继续向外扩展。修剪要保持稳定的树形，维持树体平衡和良好的从属关系，既要保证足够的营养生长，又要适量结果，注意结果枝组的培养。主枝上部不留大型枝组，下部枝组要适当扩大。

1. 第三年夏剪 管理较好的果园树冠基本达到要求，有少量结果枝开始结果。树冠继续扩大，用第二年夏剪的方法修剪延长枝和培养结果枝，但树冠间延长枝不能相互交替重叠，控制竞争枝。对还没有选出第三侧枝的，在新萌发的新梢中选留第三侧枝，并在侧枝上培养理想的结果枝，或在主干上第二侧枝以上的部位培养结果枝组。

对已挂果的结果枝，弱枝要短截到有果的位置，旺枝不短截或轻短截。疏除未挂果的结果枝、过密枝和徒长枝，对有生长空间的直立旺枝和徒长枝保留 2～3 个新梢短截。修剪时要建立合理的果树结构，多保留理想结果枝条，淘汰无用的枝条，才能高产。

采果后要及时疏除徒长枝，以防止消耗养分过多，引起树冠遮阴，影响结果枝的发育。

2. 第三年冬剪 对树冠大小还没达到要求的（相邻桃树的行间、株间延长枝条不能交替重叠，果园中要有散射光），继续扩大树冠。此时期主要以培养主、侧枝的结果枝组为主，根据树的长势确定主枝延长枝剪留长度，原则是盲节处必须短截，翌年抽发的新枝不能相互交替重叠。对侧枝的延长枝也要进行短截，侧枝剪留长度比主枝的剪留长度稍短。疏除当年挂果后的结果枝，以及无利用价值的徒长枝、过密枝、交叉枝、重叠枝。

（1）主枝的修剪　对于树冠直立的主、侧枝的延长枝，修剪时留下芽。当主枝间长势不一致时，回缩强旺枝，利用背下枝代替原来主枝；对于主、侧枝延长枝开张角度过大、生长势衰弱的主枝，可选 1 个开张角度、长势、位置均较合适的副梢来代替原来主枝，降低开张角度，增强长势。

强壮树的延长枝可剪去当年生长长度的 1/3，弱树可剪去 1/2～2/3。全园树冠行间要有 50 厘米左右的距离，翌年枝条伸长延伸后不能相互交替重叠，避免影响光照和田间操作。采用“放缩结合”的修剪方法维持目标树形。

对各主枝之间要采用“抑强扶弱”的方法，保持各主枝生长势均衡。对强旺主枝应加大开张角度，多留果枝结果，或回缩到下部枝条上，修剪时主枝上少留强枝，使其生长势减弱；对弱主枝应降低开张角度，少留果，适当保留壮枝，使其生长势转旺（图 6-5）。对主枝延长枝要适时换头更新，当主枝延长到树冠需要的长度后，每年冬剪时要短截延长枝，留外芽萌发新梢代替延伸。

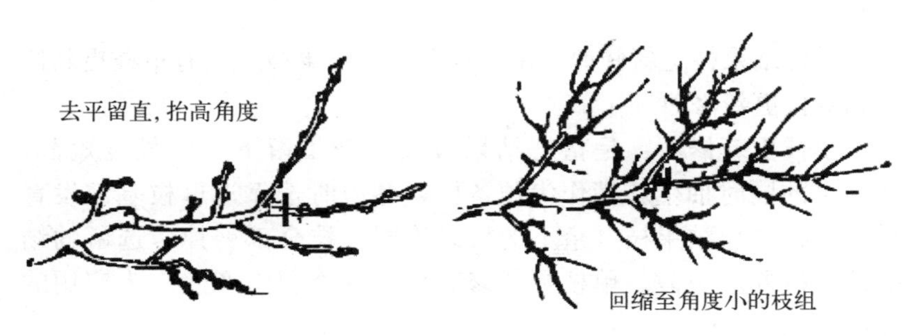

图 6-5　对主枝抑强扶弱

（2）侧枝的修剪　初结果期对侧枝的修剪主要是与主枝的生长要协调，不能与主枝重叠、交叉、横生和平行，在侧枝上多留侧芽，翌年抽发新梢培养结果枝组和结果枝。一是生长适宜的侧枝，开张角度、方向都适合的仍留原来的延长枝继续生长，剪留长度依粗度和主枝长度而定，短于主枝延长枝，长于结果枝组。对方向不正、开张角度过大或过小的侧枝需回缩，改用下部适宜的枝条代替原延长枝。对前旺后弱的侧枝宜轻度回缩，改用生长势与开张角度适宜的枝条替代原来的主枝。

（3）结果枝的修剪　初结果期果树结果枝较少，利用侧枝发出的新梢培养更多理想的结果枝。根据品种特性、树的长势、坐果率高低、枝条粗度及着生的部位等不同来确定结果枝短截或长放。一般对生长旺盛、直立性较强的果树，成枝力强、坐果率低的粗枝条，向上斜生的平生长枝应轻剪或长放不剪；成枝力弱的品种，坐果率高的细枝或下垂枝应短截。一般长果枝留 7 节花芽，中果枝留 5 节花芽，短果枝留 3 节花芽短截，剪口处留复花芽或叶芽；短果枝上没有复花芽或叶芽的，以及花束状果枝不短截。在结果枝较少的情况下，徒长性果枝上着生有小型结果枝的，短截后留 1～2 个小型结果枝挂果，翌年在基部留 2～3 个芽短截作预备枝，逐步发展成枝组。副梢果枝与同粗度果枝剪留长度相同，结果枝间距离应保持在 20 厘米左右。以短果枝和花束状果枝结果为主的品种，其结果枝适合多留；以长、中果枝结果为主的品种，其结果枝应适当少留。

做好结果枝更新修剪，留好预备枝。结果枝更新有单枝更新修剪和双枝更新修剪。

单枝更新修剪：是指把结果枝按负载量留下一定长度短截，在结果的同时抽生新梢作为预备枝，冬剪时选靠近母枝基部发育充实的枝条作结果枝，余下的枝条连同母枝全部剪掉，选留的结果枝仍按要求短截。单枝更新修剪是传统修剪生产上广为应用的方法（图 6－6）。

双枝更新修剪：是指修剪时，在同一母枝上选留基部相邻的两个结果枝，其中的上部枝轻剪长留，作结果枝用，下部枝留 2～3 节重截，翌年不留果，使其抽生壮梢，预备翌年结果，重截的下部枝，即为预备枝。翌年冬剪时，将已结果的上部枝剪去，预备枝所

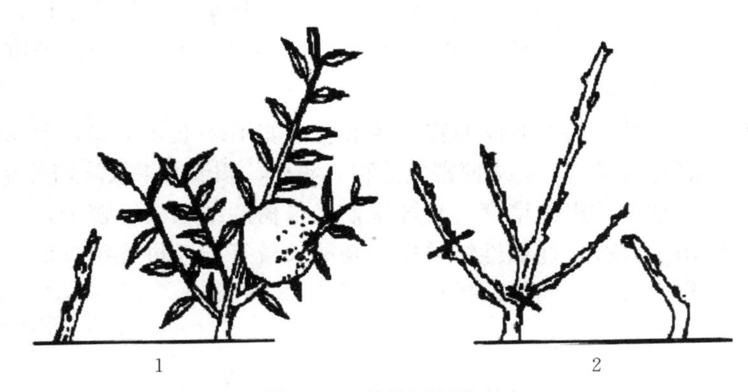

图 6－6　单枝更新修剪

1. 第一年结果的同时抽生新梢　2. 第二年冬剪时选留的结果枝

发生的两个新梢，其上部的一个作结果枝，下部一个重截作预备枝。如此每年更新，使结果部位不远离大枝，又可复壮枝组。如此每年利用上、下两枝作为结果枝和预备枝的修剪方法称为双枝更新修剪（图 6－7）。

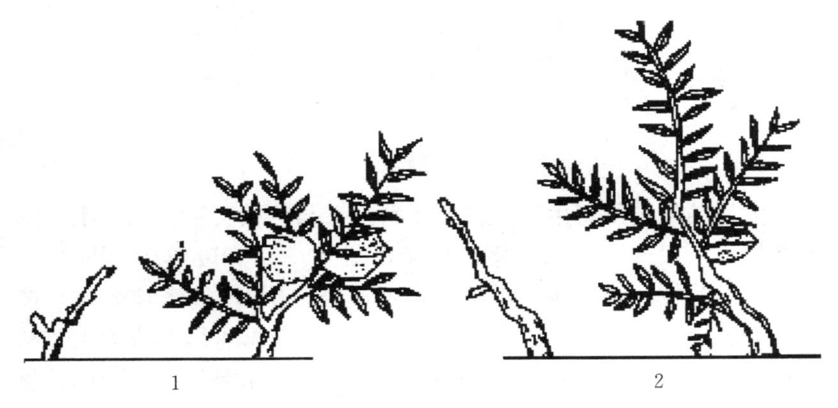

图 6－7　双枝更新

1. 第一年的结果枝和预备枝　2. 第二年在预备枝上留的结果枝和预备枝

一般复芽多、复芽着生节位低，坐果可靠，壮实的果枝，肥水条件较好时可用单枝更新修剪，否则宜采用双枝更新修剪。预备枝应选健壮充实枝，忌用纤弱细枝。弱树、弱枝组要多留预备枝，强树、强枝组少留预备枝；树冠内部、下部多留预备枝，树冠外围及上部少留预备枝。

结果枝以靠近骨干枝为宜。结果枝组如出现上强下弱，要及时剪掉上部的强旺枝条，疏掉密生枝和衰弱枝，调节结果枝均匀分布。

（4）结果枝组的培育　初挂果期，果树的结果枝组较少，也较小，要用发育枝、徒长性结果枝以及徒长枝等，经过逐年短截促进分枝，产生长短不同的结果枝组（图 6－8）。

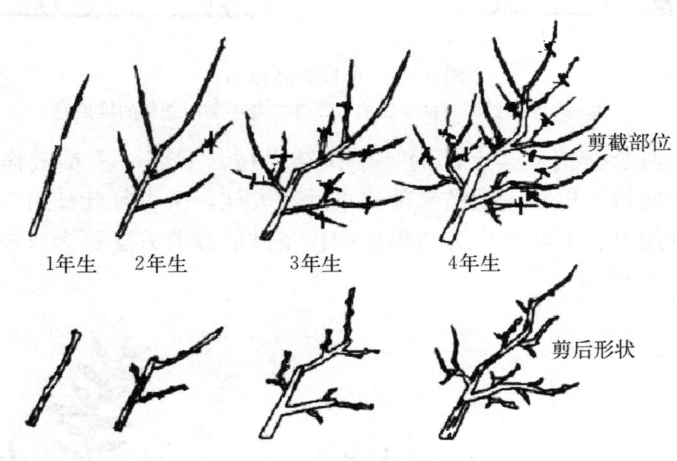

图 6－8　结果枝组的培养过程

大型结果枝组着生于主枝上，斜生，与侧枝交错排列，不可影响侧枝。一般选用生长旺盛的枝条，留 5～10 节短截（20 厘米），促使萌发分枝，第二年冬剪疏除前部旺枝，留 2～3 个枝短截，按同样方式培养，第三年成为中型枝组，第四年即可培养成为大型结果枝组。种植密度大的果园，侧枝上直接着生结果枝，一个侧枝就是一个结果枝组。

中型结果枝组分布于、主侧枝两侧。中型结果枝组与大型结果枝组的培养类似，在空间比较大的空隙处，冬剪时利用徒长枝（留 5～6 芽）或发育枝短截，第二年冬剪时剪除前部旺枝，第三年即可培养成中型枝组。

小型结果枝组分布在大中型结果枝组及主、侧枝上，少量存在于主、侧枝背下，补充大、中型枝组的空隙。小型结果枝组一般可用健壮的发育枝或果枝留 2～5 节短截，分生 2～4 个健壮的结果枝，便成为小型结果枝组。

结果枝组的配置应大小交错排列，大型结果枝组主要排列在骨干枝两侧，靠近主干部位；中型结果枝组主要排列在骨干枝的两侧，或安排在大型枝组之间，有的长期保留，有的则因邻近枝组发展扩大而逐年缩剪以至疏除；小型结果枝组可安排在骨干枝背后、背上以及树冠外围，有空即留，无空则疏。从整个树冠看，以向上倾斜着生的枝组为主，直立着生、水平着生的为辅；向下着生的枝组要随时注意抬高枝条的开张角度，缩剪更新复壮。结果枝组的排列，要求冠上稀、冠下密，大、中、小相间，高低参差，插空排列。树冠顶端着生的枝组，其所占空间的高度，不得超过其骨干枝的枝头，以利通风透光和保持骨干枝的生长势。

第四年的修剪与第三年类似，注意疏除过密枝和徒长性枝条。

（五）盛果期的修剪

桃树的盛果期一般保持 10 年左右。进入盛果期的桃树，由于大量结果，枝条生长减慢，徒长枝较少，树的旺长势头得到控制。但由于桃树枝条萌发生长较快，每年仍要进行修剪，才能保持高产稳产的群体结构。此时期修剪的目的是稳定树形，调节主、侧枝生长势的均衡，更新结果枝和小型结果枝组，保持果树有足够稳定的结果枝量，从而达到稳定产量的目的。既要适当短截结果枝，疏除过密枝和徒长枝，使树冠内的通风透光良好，又要适当保留内膛小型结果枝，防止内膛空虚和主干日灼病。选留结果枝的数量和结果枝上的挂果量要适当，防止树体早衰。

1. 主、侧枝的修剪　盛果期桃树的主、侧枝伸长生长较缓慢，冬剪时对超出树冠外围的延长枝回缩到树冠边缘，使树冠间不互相交叉重叠。修剪过程中需要换头延伸。对于树冠直立的主枝的延长枝，修剪时留外芽。当主枝长势较强时，回缩主枝，利用背下适宜的发育枝代替换头；对主枝延长枝开张角度过大、生长减弱的，可选一个开张角度、长势、位置均较合适的副梢来代替原来的主枝，降低开张角度，增强长势。

主枝间有生长不均衡的，要采用抑强扶弱的方法，保持各主枝生长势均衡。对强旺主枝应加大开张角度，多留果枝，多结果，或回缩到下部枝条上，修剪时主枝上少留强枝，使其生长势减弱；对弱主枝应降低开张角度，少留果，适当保留壮枝，使其生长势转旺。

侧枝上着生的结果枝组或结果枝已趋于稳定，做好结果枝组或结果枝的更新修剪。结果枝的更新仍用单枝更新修剪或双枝更新修剪，对有生长空间的徒长枝也可以在夏剪时摘心，培养结果枝。随着年限的增加，一些小型结果枝组逐渐衰弱，需要更新修剪，对结果枝组较密的，直接从基部疏除，对有生长空间的，可以重短截留基部芽发旺枝代替衰弱的结果枝组，也可以短截徒长枝，留3～5个侧芽萌发新梢培养结果枝组。下部生长较弱的侧枝可通过回缩修剪形成大型结果枝组。如果结果枝组整体长势强旺，应疏除全部旺枝和发育枝，留下健壮结果枝（图6－9）。

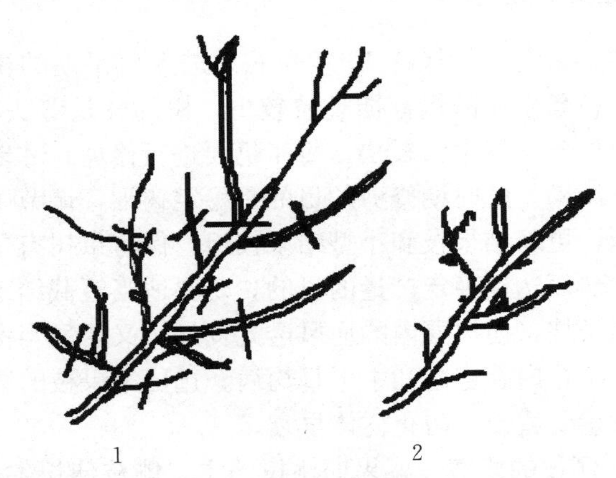

图6－9　上强下弱枝组的修剪

1. 剪截部分　2. 修剪后形状

2. 结果枝的修剪　进入盛果期后，短果枝结果的比例增加，此时期既要考虑当年结果，又要预备翌年的结果枝，对不能结果的弱枝要疏除，对不结果的多年生枝条回缩更新，培养预备枝。

衰弱枝结果后结果能力下降，若无理想的枝条利用更新，可利用叶丛枝更新，也能收到良好效果。对衰弱枝基部较好的叶丛枝进行剪截，刺激萌发徒长枝，再短截徒长枝更新复壮。

3. 徒长枝的利用　不能利用的徒长枝应尽早从基部疏除，以减少养分消耗。

生长在有空间处的徒长枝，应培养成结果枝组（图 6－10）。一般留 5～6 个侧芽重短截，剪口下的 1～2 个芽仍然徒长，翌年冬剪时把顶端 1～3 个旺枝剪掉，下部枝可成为良好的结果枝。

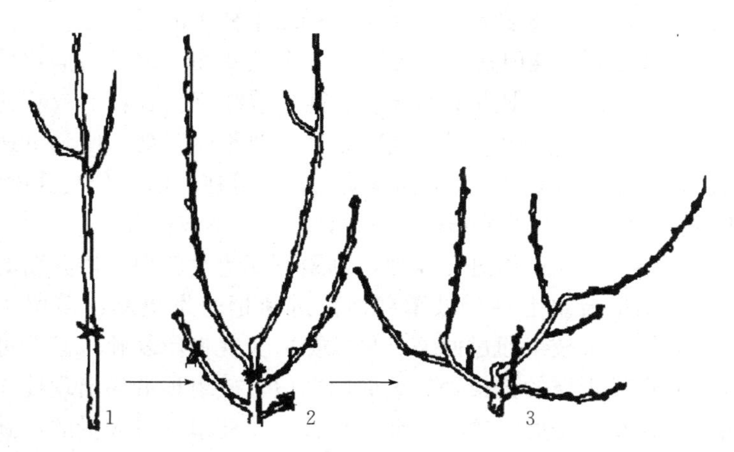

图 6－10　利用徒长枝培养结果枝组

1. 重短截　2. 剪掉顶端旺枝　3. 形成良好结果枝

徒长枝还可以培养为主枝、侧枝，作更新骨干枝用。

若采用长枝修剪技术，过弱的下垂枝疏除，保留的下垂枝长放不截，结果后基部发出的生长势中庸的背上枝，回缩以降低开张角度。

4. 采果后的修剪　采果后要及时疏除徒长枝，保证有足够的养分和光照条件满足结果枝的生长发育。

早熟品种采果后的强旺新梢采用极重回缩，是较好的夏剪方法之一。不管是开心形修剪，还是主干形修剪，结果老枝可留 2～3 叶回缩，疏除第一次夏剪没有疏除到的未结果枝和两边多余较荫蔽处的新梢。疏密留稀，保证树冠内有散射光照射，以防止修剪过重而削弱树势。

（六）衰老期的修剪

桃树经过 10 年左右的盛产期之后，逐步进入衰老期。骨干枝的延长枝生长势进一步衰弱，年生长量不足 20～30 厘米，长果枝、中果枝大量死亡，大型结果枝组生长衰弱。树冠下部不易萌发新枝而光秃，结果部位上移，全树结果数量大量减少，仅有少量短果枝和花束状果枝，产量显著下降。

此时期的修剪主要是进行骨干枝和结果枝组的更新。

骨干枝更新，是剪去骨干枝的 3～4 年生部分，缩剪时剪口枝要留强旺枝或徒长枝，促进下部分枝或徒长枝旺盛生长，形成新的骨干枝，可延长结果年限。但在重剪之后，翌年应轻剪，使其迅速恢复树冠。此外，不是因树龄大而衰弱的树，可在光滑无分枝处缩剪，利用潜伏芽抽生强旺的徒长枝和发育枝，重新形成树冠。

对衰弱的结果枝组进行缩剪，刺激下部萌发新梢，培养新的结果枝组。结果枝组上结果枝重剪，促进新梢萌发更新，多留预备枝。衰弱的结果枝组通过回缩、果枝重剪实现更新复壮，甚至可以回缩至靠近骨干枝的分枝处。重剪回缩后，枝组顶端易出现徒长性枝条，应在夏季修剪时摘心，促发新枝，使枝组形成大量的饱满花芽。通过适当短截或回缩初步形成的结果枝组，促使分枝扩大枝组。结果枝组安排的位置要合适，不能互相遮蔽阳光（图 6－11）。

结果枝在骨干枝上仍按同侧 20 厘米距离选留，长放不截，过密疏除，适当保留延长枝上的健壮副梢果枝。

在防止骨干枝先端衰弱的同时，要注意防止由于主枝的顶端优势而引起的上强下弱，避免造成结果枝着生部位上升，如果采用留剪口下第二、第三芽作主枝延长枝，使主枝折线状向外伸展，侧枝应配置在主枝曲折向外凸出的部位，以克服结果枝外移的缺点。

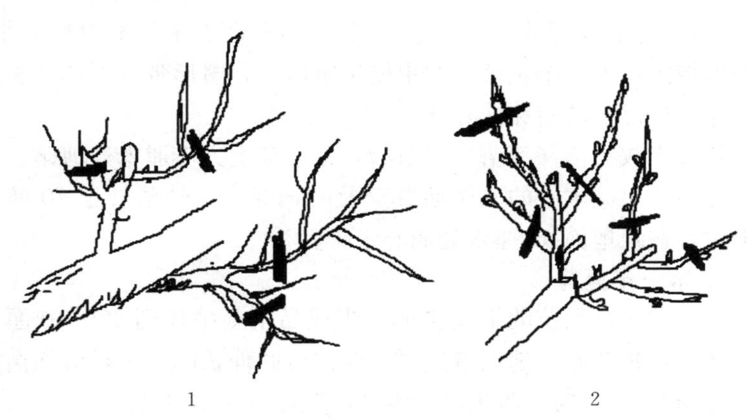

图 6-11　衰弱的结果枝回缩、果枝重剪更新

1. 衰弱的结果枝回缩　2. 果枝重剪更新

二、Y 形修剪

（一）适宜密度

Y 形是由三主枝自然开心形简化而来，也称二主枝自然开心形，适合比三主枝自然开心形密度更大的果园，是省力化栽培推广的主要树形。其结构简单，技术难度小，容易掌握，通风透光好，株间矛盾少，便于机械化操作，适于每亩种植 80～150 株的果园，行距 3～4 米，株距 1.5～2 米，密度较大的果园，两主枝上只留结果枝组或结果枝，不留侧枝。

（二）树形结构

树高 2 米左右，干高 50～60 厘米，全树只有 2 个向行间伸展的主枝，每个主枝上有 3～5 个侧枝。结果枝或枝组着生在主枝和侧枝上。

（三）修剪方法

1. 定干　成品苗定植当年，在主干上距地面 50～60 厘米处定干，剪口下留 20 厘米（7～10 个健壮饱满的叶芽）作为整形带，在整形带内培养 2 个主枝。两主枝选定后，将整形带以下的芽和砧木上嫁接口以下的萌芽抹除。

移栽半成品苗（芽苗）定植后，在接芽上方 1 厘米处剪砧。接芽萌芽后，对砧木上的其余萌蘖芽及时抹芽。当幼苗长至 70 厘米以上时，在距地面 60 厘米处摘心定干。

2. 第一年夏剪

（1）移栽成品苗的果园修剪　当成品苗新梢长到 30～40 厘米时，选择生长势好、邻近着生、方向向行间伸长的 2 个长势均衡的强壮枝条作二主枝，两主枝夹角 70°左右（夹角要适当，夹角太大，容易从主干中间破裂；夹角过小，又会造成树势太直立，树冠小，容易旺长，不易挂果）。其余枝条通过摘心留作辅养枝，控制其旺长。

（2）移栽半成品苗的果园修剪　芽苗摘心定干后发出的副梢长度达 30 厘米以上时，选出 2 个生长较旺又错落生长于对侧的副梢作主枝培养，其余副梢疏除，或留 2～3 个副梢进行摘心或扭梢作辅养枝（图 6－12）。

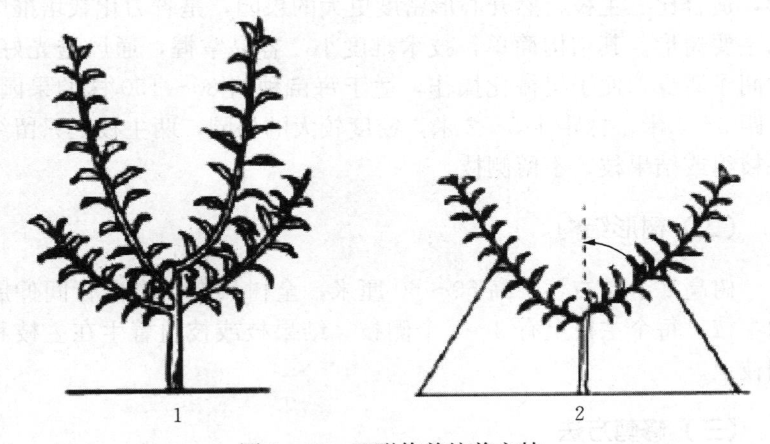

图 6－12　Y 形修剪培养主枝

1. 选主枝　2. 开张角度

对于两主枝分布位置不当或开张角度不够的幼树，可以在冬剪回缩时选留主枝上叶芽的位置来调整新梢生长方向，不用拉技，节约时间和人力。

3. 第一年冬剪

（1）对开张角度较好的桃树修剪　选留饱满的侧芽，在侧芽上方 70 厘米左右的地方短截，截去秋梢红色部分或盲节，或剪去当年生枝条的 1/3。如果树势较弱，要适当重截，剪去当年生枝条的 1/2。

（2）对开张角度较小的果树或直立性较强的品种修剪　要选留饱满的背下芽，在背下芽上方短截。

（3）对开张角度大、枝条下垂的果树修剪　要选留饱满的上芽，在上芽上方短截，短截长度与开张度较好的桃树短截相同。对留作辅养枝的枝条进行疏除；疏除延长头附近的竞争枝和过密枝，保持单轴延伸。

（4）对生长旺盛的果树修剪　在离主干 40 厘米左右处选留第一侧枝，选开张角度好的枝条，在饱满侧芽上方 0.8～1 厘米处短截，选留的侧枝延长枝长度不能超过主枝延长枝，疏除伸向树冠内膛的徒长枝、背上旺长枝和过密枝，选留侧生、斜生的细长枝，疏除过粗过大枝条。

4. 第二年夏剪　第二年春季发芽后，对延长头有双芽的，要留饱满叶芽作延长枝，去掉弱芽，对延长头是三芽的，要留中间叶芽作延长枝，去掉两边侧芽。延长枝长到 30 厘米左右时进行摘心，一是对两主枝延长方向不正的，调整延长方向，摘心时叶片的位置就是芽的位置；二是促进当年生延长枝枝条上发生侧枝，并扩大树冠。对有空间的徒长枝进行扭枝或拿枝，控制旺长，伸进其形成果枝；对没有生长空间的徒长枝直接疏除；对主枝上侧枝较少的果树，要对徒长枝留 3 叶摘心，促进侧枝萌发。

5. 第二年冬剪　疏除直立枝、旺长枝、徒长枝和过密枝（图 6－13）。

保留细长结果枝，主枝延长枝剪留长度仍然是剪去当年生枝条

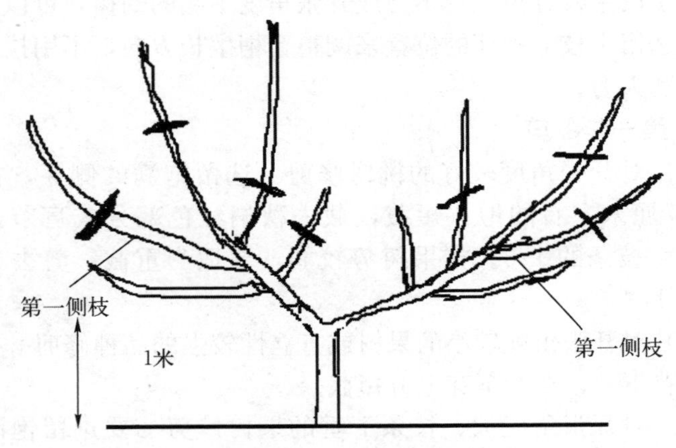

图 6－13　第二年冬剪

长度的 1/2～2/3，剪去秋梢红色部分或盲节，剪口处留下芽。可用副梢或用副梢基部芽开张角度。在没有选定第一侧枝的果树，距离主干 40 厘米左右选留第一侧枝，向外斜侧伸展，剪留长度比主枝延长枝稍短，为主枝长度的 1/2～2/3。

果枝或副梢果枝以同侧 20 厘米的间距保留，长放不截，过密疏除。对已选留第一侧枝的果树，在第一侧枝对侧相隔 50 厘米左右处选留第二侧枝。对不能选出第二侧枝的果树，要培养第二侧枝。

6. 第三年夏剪　夏剪于 4～6 月进行 2～3 次，管理较好的果园，果树开始挂果，幼树生长较旺盛，结果枝可长放或轻短截。重点疏除直立旺长枝、徒长枝和过密枝，疏除主、侧枝上的直立旺长枝时，为使阳光不大面积直射主干，可保留 2～3 叶摘心。

对已选留第一、第二侧枝的果树，在第一侧枝同侧选留第三侧枝，并在第一、第二侧枝上开始培养结果枝组或结果枝，结果枝组或结果枝之间距离 20 厘米以上，分布在侧枝斜侧面。对没有选出第二侧枝的果树，注意培养第二或第三侧枝。

7. 第三年冬剪　桃树种植第三年，管理较差的果园除外，基本都进入结果期。主枝延长枝在冬剪时剪留长度仍然是剪去当年生枝条长度的1/3～1/2，第一侧枝延长枝剪留长度为主枝长度的1/2～2/3，保持行间、株间延长枝不互相交替重叠。对没有选留第二、第三侧枝的果树，继续选留侧枝。

疏除病枝、直立旺长枝、过密枝和已结过果的枝条，交叉枝、重叠枝应疏除或回缩至适当部位。背上直立旺枝以全部疏除为原则，如果无背上细弱枝，可保留2～3叶短截，促使旺枝基部的隐芽发枝，防止夏秋季树干发生日灼。

结果枝应“去强弱留中间”，疏去细弱枝（2年生枝回缩至强枝部位）和过粗的结果枝（结果枝横径超过0.6厘米以上的尽量不留）。保留以长果枝为主的结果枝，结果枝间距20厘米以上。

继续培养结果枝组，第一侧枝上可留5～6个结果枝组，第二侧枝上可留3～4个结果枝组，结果枝之间距离20厘米左右。本着靠近主、侧枝基部的大、中型结果枝组多，先端中、小型结果枝组多，骨干枝上方小型结果枝组为主，两侧大、中型结果枝组多的原则，合理利用空间。

树冠不够大的果树继续培养树冠。对树冠形成较好的果树，整形修剪要维持目标树形。过分开张的主、侧枝，其延长枝的短截量应加重，促使萌发比较直立的旺枝，或者利用徒长枝降低开张角度。枝组外形以圆锥形为宜，伞形不利于透光。此外，还应注意调整好结果枝组间的距离和枝组内的枝条密度，以不影响通风透光为宜。

对于每亩栽100株以上的果园，能够提前进入盛果期。在主枝的侧枝上直接培养结果枝，或将侧枝培养成结果枝组，每个主枝上培养9～11个结果枝组，交叉对应排列，平均分配在主枝两侧，枝组间的距离30～40厘米。

其余修剪方法与三主枝自然开心形修剪方法基本相同。

三、主干形修剪

（一）适宜密植

主干形修剪适宜每亩栽150～200株，行距2.5～3米，株距2

米左右，其结构简单，管理方便，结果早，见效快。但由于密度大，建园时苗木投入较高，且树干直立，主干形修剪容易造成上强下弱，如管理不当，易造成结果部位上移，下部不发枝条，降低产量。

（二）树形结构

树高2米左右，第一结果枝或枝组距地面高50～60厘米。该树形有中心干，在中心干上着生20个左右的小型结果枝组或直接着生结果枝，螺旋状均匀排列，结果枝一般是长放不剪，但对长势较差的结果枝要适当短截。同一方向的果枝之间距离30厘米以上，中上部不培养大的结果枝组（图6-14）。

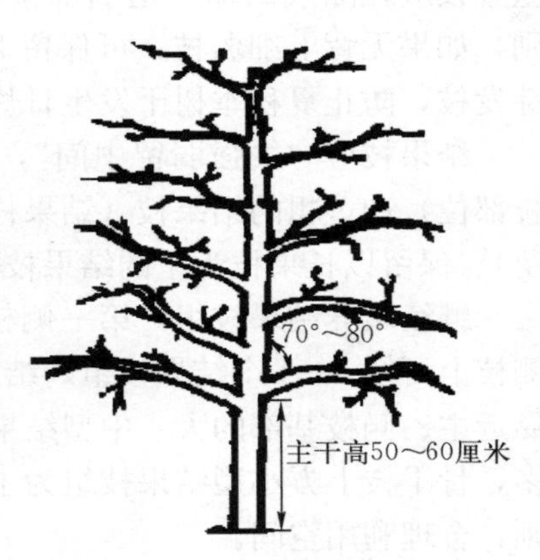

图6-14　主干形修剪树形

（三）修剪方法

1. 种植健壮幼苗的果园　苗的横径在0.8厘米以上，根系发达，肥水条件较好的果园，可以不剪去中心主干，让其向上生长，抹除主干上50厘米以下部位的萌芽和新梢，留中部新梢。当新梢长到20厘米时摘心，控制生长和促进发新梢，形成结果枝组，与中心干夹角70°～80°。主干顶部20厘米以内的新梢容易与主干形成竞争，只能疏除，或留2叶重短截，促使发新梢。冬剪时疏除过大过密枝和中干上的竞争枝，上部多留中小果枝。

在主干生长过程中，由于桃的干性较弱，容易发生歪干，随时观察主干生长状态，如有歪干现象，要用木棍或竹竿绑缚，使其直立生长。对于主干被虫害损伤等，要留附近强壮的直立枝替代主干生长。

以后每年的修剪基本类似，当主干达到2米左右高时，将顶端进行扭梢，形成一个结果枝组，控制向上生长。这时树形已确定，主干上保留 12～15 个结果枝组，结果枝组在主干上呈螺旋状排列，不分层，相邻结果枝组距离 20 厘米以上，且不能在同一方向，同方向果枝间的距离不能低于 40 厘米。主干的下部留大型枝组，上部留小型枝组，形成上小下大的柱状。每年春剪时疏除无果枝、徒长枝。对旺长的枝条，要通过扭梢或拿枝等方法控制生长，形成翌年的结果枝。对有空间的旺长枝条进行疏除时，要留 1～2 个芽，重新发枝，形成翌年的结果枝。冬剪时以疏除为主，疏除当年已挂果的枝条和过密枝，以及病虫枝、无花芽的果枝。

2. 种植弱苗或半成品苗的果园　定植当年，如果是苗木质量较差的果园，在嫁接部位以上 10 厘米处重剪，重新发新枝，待枝条长到 20 厘米以上，选一枝健壮、直立的新梢作主干，其余过密的新梢疏除，留 2～4 个短截作辅养枝，当主干上的新梢长到 40～50 厘米时通过扭枝或拿枝、扭曲下垂枝控制生长。个别强旺新梢留 2～3 叶摘心。控制主干上的竞争枝，50 厘米以下部位的新梢逐步疏除。冬季修剪要疏除过大过密枝和中干上的竞争枝，保留合理的果枝。以后的修剪与种植健壮幼苗的果园相同。

每亩栽 200 株左右的高密度果园，主干下部留中、小型结果枝组，上部留中、小型结果枝，不留枝组，结果枝或枝组在主干上呈螺旋状排列，或者直接在主干上培养结果枝，长放修剪。

主干形修剪特别要注意防止结果部位上移，每年夏剪时要注意疏除徒长枝，疏除时如理想结果枝条较少，要留 1～2 个芽，重新发枝，以更新结果枝。要控制好上部旺长枝，对上部枝条生长较旺盛的，要通过摘心或扭枝、拿枝等手段控制生长，使其形成结果枝。

由于主干形修剪的果枝以长放为主，修剪技术中结果枝组和结果枝的更新与三主枝开心形修剪有所不同。果枝的更新方式有 2 种：

（1）利用甩放果枝的方法　结果枝下垂，从结果枝基部发出的生长势中庸的背上枝，进行回缩更新。具体做法是将已结果的母枝回缩至基部健壮枝处更新，如果结果母枝基部没有理想的更新枝，也可在结果母枝中部选择合适的新枝进行更新。如结果母枝较长，枝条平但不下垂，其中部也无理想更新枝，可在前部留果枝结果，后部短枝适当间疏，待后部背上短枝或叶丛枝抽生长枝后，翌年再于基部或中部回缩更新；或者直接回缩至母枝中部短枝处，留下方短枝结果，并适当间疏，待生长季上方短枝抽枝，翌年在适宜枝条处回缩更新。

（2）利用骨干枝上发出的新枝更新　由于采用长枝修剪时树体留枝量少，骨干枝上萌发新枝的能力增强，会发出较多的新枝，如果在骨干枝上着生结果枝组的附近已抽生出更新枝，则对该结果枝组进行全部更新，由骨干枝上的更新枝代替已有的结果枝组。

3. 盛果期的修剪　主干形修剪容易造成上强下弱或大小年结果的现象。

（1）预防上强下弱现象的措施　由于桃树生长旺盛，喜光性较强，主干形修剪的树势容易形成上强下弱态势，如管理不当，结果部位容易上移，下部果枝或枝组过早衰弱。修剪时要及时疏除徒长枝、过密枝或旺长性结果枝，下部留大型结果枝组或结果枝，上部留小型结果枝组或结果枝，对种植密度大的果园，不留大的结果枝组，只留小型结果枝组或结果枝。

（2）预防大小年结果现象或提早进入衰老期的措施　主干形修剪省去培养侧枝的时间，进入盛果期较早，要注意结果枝的选留，每亩留长果枝 5 000 个左右，留枝量多或留果量多，当年产量提高了，但由于当年生长过旺，营养消耗过多，结果母枝基部萌发新梢较少，翌年结果枝减少，影响产量。

对树势较弱的果枝要适当短截，降低枝条生长过程中的营养消耗，以减少营养不良导致新枝萌发少，造成预留结果枝数量减少，影响翌年的结果。

4. 衰老期的修剪　主干形修剪由于结果枝组或结果枝直接着生在主干上，如管理得当，进入衰老期时间较晚，但管理不当，很容易造成结果枝组或结果枝提前衰弱，进入衰老期。对进入衰老期的果树，及时回缩更新结果枝组，特别是对主干的上部结果枝重短截，保留果枝基部重新萌发新枝更新。

四、宝塔形修剪

（一）适宜密度

宝塔形修剪适于每亩栽 80～100 株的果园，行距 3～4 米，株距 2～2.5 米，中干和主枝强壮，树势健壮但不旺长，易成花，产量稳定，通风透光性好、容易管理、果实品质优良、效益高。

（二）树形结构

树高 2 米左右，中心干直立，主枝在主干上分层排列，留 3～4 层主枝，相邻两层主枝间距 60 厘米左右，每层留主枝 2～3 个，主枝长度从下自上依次递减，结果枝或小型结果枝组直接着生在主枝上，主干上根据空间留少量结果枝，不培养大型结果枝组，全树成形后呈宝塔形（图 6-15）。

图 6-15 宝塔形修剪树形

与三主枝自然开心形修剪相比，宝塔形修剪有中心干，可以缓解树势旺长，分层结构，能更好地利用空间和光照。

宝塔形修剪与主干形修剪相比，区别在于主干形不分层，无主枝，结果枝或枝组在主干上呈螺旋状排列，占用空间较小，更适于密植，但旺长性较强，不容易控制。宝塔形修剪有主枝，在主干上分层排列，呈自然树形，能更好地控制树势旺长。

（三）修剪方法

1. 定干 幼树定植当年在主干上离地面50～60厘米处，从萌发抽生的新梢中选留生长健壮的直立枝作为中心干，从所留中心干以外的枝条中选生长势较强、势力均衡、空间分布较均匀的3个枝条作第一层主枝培养。三主枝之间夹角120°，当枝条长到50厘米左右、半木质化时，用手拿枝，或新梢长到80厘米左右拉枝，使开张角度达到70°～80°。对主枝以外的枝条进行摘心作辅养枝，过大过密的枝条应进行疏除，控制其生长。

2. 第一年冬剪 对三主枝以下的辅养枝全部疏除，对所选留的主枝进行轻短截，一般枝条上留饱满的下芽；如果是开张度较大、枝条生长向下的，要选枝条上饱满的上芽；方位不正的主枝，要选饱满的侧芽来纠正方向；如果主枝过旺，要中短截；主枝较弱的，要重短截，留饱满芽发新梢，重新培养主枝。主干应在盲节以下留饱满复芽短截，翌年抽生的芽向上生长，替代主干。

3. 第二年修剪 夏季修剪时，中干不短截，继续萌发生长，在距离第一层主枝50～60厘米处，选留生长良好、长势均衡的3个健壮枝作第二层主枝培养，第二层主枝排列和延伸方向与第一层主枝错开，主枝的开张角度同第一层，其余枝条可保留1～2个弱枝，培养成翌年的结果枝。用同样方法选留第三层主枝，下层主枝比上层主枝长。对多余的枝条应全部疏除。对侧枝上萌发枝条较少的，在新梢长到15厘米左右时摘心，留2～3叶重发副梢，形成翌年的结果枝。

当主干达到2米高时，将顶端进行扭梢，形成一个结果枝组，控制向上生长。冬剪以疏为主，主枝上留结果枝组或结果枝，主干上根据空间大小留少量结果枝，全树成形后呈宝塔形。结果枝轻剪或长放不短截，果实多结在果枝的前中部，结果后枝条下垂，背上冒出壮枝，冬剪时回缩更新，再培养新的结果枝或结果枝组。对于树势较弱的果树，要短截结果枝，减少养分消耗。

4. 第三年修剪 与第二年修剪类似，树高维持在2米左右，主枝 8～10 个，树体层间分明，通风透光良好。在整形过程中，主枝开张角度可通过修剪来纠正，根据空间大小在各主枝上适当培养一些侧枝，以扩大树体的结果部位。成形后，夏季及时疏除主、侧枝上的背上枝、背下枝、直立枝、病虫枝和竞争枝，内膛适当留枝，保持延长枝的生长优势。幼树轻剪，大量结果后适当短截，用单枝更新修剪或双枝更新修剪复壮结果枝组。

为使中心干直立，随时观察中心干的生长情况，如果中心干生长势弱或受虫害停止生长，要选留直立的徒长枝替代中心干延长生长；如果中心干生长势强，只是方位有点歪斜，用木棍或竹竿将其绑缚，固定其直立生长。

密度较大的果园，主枝上只培养结果枝组或结果枝，不留侧枝。

其余修剪方法与三主枝开心形修剪方法类似。

第七章　桃主要病虫害及绿色防控技术

正确认识桃病虫害是做好病虫防治的基础，科学合理防治病虫害是提高产量的保障，推广应用病虫害绿色防控技术是确保产品质量的关键。本章着重介绍桃主要病虫的特征特性及绿色防控技术，同时介绍了桃主要栽培管理及病虫害管理周年历等内容。

第一节　桃病虫害绿色防控技术

一、绿色防控的概念

农作物病虫害绿色防控是指以确保农业生产、农产品质量和农业生态环境安全为目标，以减少化学农药使用为目的，优先采取生态防治、生物防治和物理防治等环境友好型技术措施控制农作物病虫为害的行为（杨普云等，2012）。

绿色防控，是在2006年全国植保工作会议上提出“公共植保、绿色植保”理念的基础上，根据“预防为主、综合防治”的植保方针，结合现阶段植物保护的现实需要和可采用的技术措施，形成的一个技术性概念。实施绿色防控是贯彻“公共植保、绿色植保”理念的具体行动，是确保农业增效、农作物增产、农民增收和农产品质量安全的有效途径，是推进现代农业科技进步和生态文明建设的重大举措，是促进人与自然和谐发展的重要手段。

绿色防控与传统防治和综合防治的主要区别：绿色防控是以安全为核心，兼顾产量效益和生态保护，综合防治是以防效为核心，兼顾产量效益和生态保护，而传统防治是以产量效益为核心，较少考虑安全和生态保护。

二、桃病虫害主要绿色防控技术

（一）植物检疫

严格种苗的植物检疫，严防检疫性有害生物的传入，如桃根瘤病和根结线虫病。发现检疫性有害生物的果园，要严格按照《中华人民共和国植物检疫条例》等相关规定进行处置。

（二）农业防治

选用健壮、未受有害生物为害的种苗；健身栽培，选择地势干燥、排灌便利的园地，对于地势低洼、排水不良的果园，应做好开沟排水工作；合理施肥，促使桃生长健壮；合理培养树冠；在桃园套种豆科绿肥植物（如蔬菜、紫云英、三叶草等），提高桃园的土壤肥力；夏、冬季在桃树行间铺草或盖薄膜，给天敌创造良好的栖息、繁殖场所；在桃园养鸡、鸭、鹅等。

（三）人工防治

1. 冬季清园　结合修剪工作做好杂草、落叶、病残体以及各种害虫的越冬虫囊、虫体的清除，并进行深埋等处理，减少病虫源。

2. 钩杀天牛　在天牛发生重的果园里，可用钢丝顺蛀道钩杀天牛幼虫等。在5月疏果完毕后用专用果袋纸进行套袋。

（四）物理防控

1. 频振式杀虫灯诱杀　利用害虫的趋光性，采用电源式频振式杀虫灯或太阳能频振式杀虫灯，于4～9月诱杀桃蛀螟、金龟子、天牛、吸果夜蛾等多种害虫。电源式频振式杀虫灯30～45亩果园安装1台，太阳能频振式杀虫灯60～80亩果园安装1台。

2. 色板诱杀 于4～7月在每棵树的树体中部挂1张黄色或绿色粘虫板，每亩悬挂粘虫板30张，每年悬挂2次，第一次在4月上旬，第二次在7月上旬，防治桃蚜、假眼小绿叶蝉等。

3. 诱捕器诱杀 利用多功能房屋型害虫诱捕器、自控式害虫复合诱杀器等诱杀害虫，每亩安装多功能房屋型害虫诱捕器或自控式害虫复合诱杀器10台，可诱杀梨小食心虫、桃小食心虫和桃蛀螟等害虫。

4. 食物源诱剂诱杀 利用食物源诱剂诱杀桃蛀螟、夜蛾、金龟子、吸果夜蛾、天牛等害虫的成虫。最简单常用的是糖醋液，配方为红糖∶醋∶白酒∶90%敌百虫晶体∶水＝10∶20∶4∶1∶100（这里的红糖、食用醋和白酒均为普通食用品）。配置方法：先把红糖和水放在锅内煮沸，熄火，然后加入醋搅拌放凉，再加入酒和敌百虫搅拌均匀即成。

（五）生物防治

生物防治就是利用一种生物对付另外一种生物的方法，它利用了生物物种间的相互关系，以一种或一类生物抑制另一种或另一类生物。生物防治最大优点是不污染环境，是农药等非生物防治方法所不能比的。生物防治的方法有很多，常用的有以虫治虫、以螨治螨、以菌治虫、以菌治菌等。在桃树上常用的方法有保护瓢虫、蜘蛛等桃树害虫的天敌，防治蚜虫；应用生物农药控制桃树病虫害，常用的有苦参碱、印楝素、苦皮藤素、除虫菊素、农用链霉素、大蒜素、白僵菌、苏云金杆菌和阿维菌素等；也可应用昆虫性信息素诱杀害虫等。

1. 主要杀菌剂

真菌剂：苏云金杆菌、蜡质芽孢杆菌等。

拮抗菌剂：淡紫拟青霉、大蒜素。

拒避剂：印楝素、川楝素。

2. 主要杀虫剂 如除虫菊素、鱼藤酮、烟碱、植物油乳剂等。

3. 性诱剂 性诱剂诱杀害虫技术是近年来国家倡导的绿色防

控技术，其原理是通过人工合成雌蛾在性成熟后释放出的一些称为性信息素的化学成分，吸引果园内寻求交配的雄蛾，将其诱杀在诱捕器中，使雌虫失去交配的机会，不能有效地繁殖后代，降低后代种群数量而达到防治的目的。

(1) 优势　一是选择性高，每一种昆虫需要独特的配方和浓度，具有高度的专一性，对其他昆虫种则没有引诱作用；二是无抗药性问题；三是对环境安全，不产生污染，与其他防治技术兼容性好；四是显著提高农产品质量。

(2) 使用方法　在害虫发生早期，虫口密度比较低时就开始使用。处理面积应该大于害虫的移动范围，以减少桃果实成熟期雌虫再侵入而降低防效，多与其他防治方法合用，发挥综合防治的效果。利用专用性引诱剂诱杀害虫。

(六) 科学用药

在桃园病虫害发生期，在使用农业防治、生物防治、物理防治等措施不能及时控制病虫害的情况下，需要使用化学农药对病虫害进行防治。

1. 化学药剂使用准则　根据防治对象的生物学特性和危害特点，优先使用生物源农药、矿物源农药和低毒有机合成农药，控制使用中毒农药，允许有限度地使用对改善树冠结构和提高果实品质及产量有显著作用的植物生长调节剂，禁止使用剧毒、高毒、高残留及国家明令禁止在果树上使用的农药。

2. 防治适期　掌握防治关键时期和农药安全间隔期，科学合理使用农药。桃树病害化学防治适期为病害发生初期，桃树虫害化学防治适期为若虫或幼虫孵化高峰期或幼虫低龄期。果实成熟前30天，禁止喷施化学药剂。选用农药时，防治同一病虫害的几种农药最好交替使用，以免产生抗药性。

3. 采用高效施药技术　采用静电喷雾器进行叶面喷雾防治，施药量为传统施药剂量的1/2～2/3，每亩用水量为7.5千克。

第二节 桃主要病虫害及防治技术

一、桃主要病害及防治技术

（一）桃根瘤病

1. 病原及症状 该病是由土壤杆菌属的一种细菌引起的。发病初期，病部形成灰白色瘤状物，表面粗糙，内部组织柔软，为白色。病瘤增大后，表皮枯死，变为褐色至暗褐色，病树长势衰弱，产量降低。

2. 发病规律 根瘤病对桃树的影响主要是削弱树势，减少产量，早衰，严重时引起果树死亡。该病为细菌性病害，病原菌为根癌土壤杆菌，其寄主范围非常广泛。病原菌在根瘤组织的皮层内越冬，或在根瘤破裂脱皮时进入土壤中越冬，在土壤中可存活数月至一年多。雨水、灌水、移土等是该病原菌主要传播途径，地下害虫如蛴螬、蝼蛄及线虫等也有一定的传播作用，带病苗木是长距离传播的最主要方式。病原菌遇到根系的伤口，如虫伤、机械损伤、嫁接口等，侵入皮层组织，开始繁殖，并刺激伤口附近细胞分裂，形成根瘤。碱性土壤有利于发病；土壤黏重、排水不良的果园发病较多；切接苗木发病较多，芽接苗木发病较少；嫁接口在土面以下有利于发病，在土面以上发病较轻。

3. 防治方法

（1）农业防治 选择无病土壤作苗圃，已发生根瘤病的土壤或果园不可以作育苗地；碱性土壤的园地应适当施用酸性肥料；采用芽接的嫁接方法，避免伤口接触土壤；发现病瘤应及时切除或刮除，并将刮切下的病皮带出果园烧毁，以防病原菌扩散；苗木定植前应对根进行仔细检查，剔除有病瘤苗木。

（2）药剂防治 用0.3%～0.4%硫酸铜溶液浸泡苗木根系1小时；或用1%硫酸铜溶液浸根5分钟，然后冲干净；或用45%晶体石硫合剂300倍液进行全株喷药消毒。

（二）桃根结线虫病

1. 病原及症状　该病由根结线虫为害造成。该病削弱桃树生长势，叶褪绿变黄、变小，枝条细弱，开花少或不开花，影响生长及观赏。挖出桃树的须根，可见其上生有许多虫瘿，老虫瘿表皮粗糙，质地坚硬。

2. 发病规律　根结线虫在土壤内越冬，由水流、操作工具等传播。土壤含水量大、土壤沙性强而疏松、连作等均有利于该病害发生。

3. 防治方法

（1）加强检疫　不从疫区调运苗木。在定植果园时要选择无根结线虫苗木。

（2）种植前对桃苗消毒　为防治可能已感染的少量线虫，可用1.8%阿维菌素乳油3 000倍液浸根5分钟。

（3）药剂防治　果园发现根结线虫为害时，春季可用药剂灌根，沿树行作畦灌药，或在树冠外围挖环状沟灌药，施用1.8%阿维菌素乳油5 000倍液，施药后用地膜覆盖。

（三）桃缩叶病

1. 病原及症状　病原为畸形外囊菌，病菌有性时期形成子囊及子囊孢子。该病主要为害叶片，严重时也可以为害花、幼果和新梢。嫩叶刚伸出时就显现卷曲状，颜色发红。叶片逐渐开展，卷曲及皱缩的程度随之增加，致全叶呈波纹状凹凸，严重时叶片完全变形。病叶较肥大，叶片厚薄不均，质地松脆，呈淡黄色至红褐色，后期在病叶表面长出一层灰白色粉状物，即病菌的子囊层。病叶最后干枯脱落。

2. 发病规律　病菌以子囊孢子或芽孢子在桃芽鳞片外表或芽鳞间隙中越冬，翌春当桃芽展开时，孢子萌发侵害嫩叶或新梢。子囊孢子能直接产生侵染丝侵入寄主，芽孢子还有接合作用，接合后再产生侵染丝侵入寄主。病菌侵入后能刺激叶片中细胞大量分裂，同时细胞壁加厚，造成病叶膨大和皱缩。以后在病叶角质层及上表皮细胞间形成产囊细胞，发育成子囊，再产生子囊孢子及芽孢子。子囊孢子及芽孢子，不作再次侵染，就在芽鳞外表或芽鳞间隙中越夏越冬。所以，桃缩叶病一年只有一次侵染。

春季桃树萌芽期气温低，桃缩叶病常严重发生。一般气温在10～16 ℃时，桃树最易发病，而温度在 21 ℃以上时，发病较少，这主要是由于气温低，桃幼叶生长慢，寄主组织不易成熟，有利于病菌侵入；反之，气温高，桃叶生长较快，就减少了染病的机会。另外，湿度高的地区，有利于该病害的发生，早春（桃树萌芽展叶期）低温多雨的年份或地区，桃缩叶病发生严重；如早春温暖干燥，则发病轻。从品种上看，以早熟桃发病较重，晚熟桃发病轻。

3. 防治方法

（1）农业防治　加强果园管理，当初见病叶而尚未出现银灰色粉状物前摘除病梢销毁，可减少翌年的越冬菌量。对发病树追施肥料，加快其生长，使树势得到恢复，增强抗病性。

（2）化学防治　在桃树花芽露红而未展开前施 45％石硫合剂晶体 30 倍液喷雾，注意喷药浓度和时间要掌握好，花芽展开期不能喷施，否则容易伤到花芽。在展叶期发病初期施药用 1％中生菌素可湿性粉剂 1 000～1 200 倍液喷雾或 80％代森锰锌可湿性粉剂 600～800 倍液喷雾。

（四）桃细菌性穿孔病

1. 病原及症状　病原为黄单胞菌属甘蓝黑腐黄单胞菌桃穿孔致病型。该病的症状为枝梢上逐渐出现以皮孔为中心的褐色至紫褐色圆形病斑，稍凹陷。感病严重植株的 1～2 年生枝梢在冬季至萌芽前枯死。叶片发病症状：在叶片上出现水渍状小点，逐渐扩大成紫褐色至黑褐色病斑，周围呈水渍状黄绿晕环，随后病斑干枯脱落形成穿孔。果实发病症状：果面出现暗紫色圆形中央微凹陷病斑，空气相对湿度大时病斑上有黄白色黏质分泌物，干燥时病斑发生裂纹。

2. 发病规律　病原菌在病枝组织内越冬。翌春气温上升时，潜伏的细菌开始活动，并释放出大量细菌，借风雨、露滴、雾珠及昆虫传播，经叶片的气孔、枝条的芽痕和果实的皮孔侵入。叶片一般在5月发病，夏季干旱时病势进展缓慢，在秋季降雨频繁、多雾和温暖阴湿的天气下，病害严重；干旱少雨时则发病轻。树势弱，排水、通风不良的桃园发病重。虫害严重时，如红蜘蛛为害猖獗时，病菌从伤口侵入，发病严重。

3. 防治方法　可用45%石硫合剂晶体30倍液喷雾，在桃树花芽露红而未展开前施；1%中生菌素可湿性粉剂1 000～1 200倍液喷雾，在发芽后施；用80%代森锰锌可湿性粉剂600～800倍液或1%中生菌素可湿性粉剂1 000～1 200倍液喷雾，在幼果期施药。

（五）桃真菌性穿孔病

1. 病原及症状　病原菌有多种，主要为嗜果刀孢和核果尾孢。

该病为害叶片、花、果和枝梢。叶片染病，病斑初为圆形，紫色或紫红色，逐渐扩大为近圆形或不规则形，直径2～6毫米，后变为褐色，湿度大时，在叶背长出黑色霉状物，即病菌子实体，有的延至叶脱落后产生，病叶脱落后才在叶上残存穿孔。花、果染病，果斑小而圆，紫色，凸起后变粗糙；花梗染病，未开花即干枯脱落。新梢发病时，呈现暗褐色、具红色边缘的病斑，表面有流胶。较老的枝条，由于病原菌的作用，形成瘤状物，在较细的枝条上，瘤状物直径约5毫米，在较大的枝条上瘤状物直径可达1厘米。

2. 发生规律　以菌丝体在病叶或枝梢病组织内越冬，翌春气温回升，降雨后产生分生孢子，借风雨传播，侵染叶片、新梢和果实。以后病部产生的分生孢子进行再侵染。病菌发育温度7～37 ℃，适温25～28 ℃。低温多雨利于病害发生和流行。

3. 防治方法　在落花后用药液喷施2～3次，每7天1次。采用80%代森锰锌可湿性粉剂、70%甲基硫菌灵可湿性粉剂、50%

多菌灵可湿性粉剂600～800倍液喷施，几种药交替使用。

（六）桃炭疽病

1. 病原及症状 病原为炭疽菌属真菌，有性世代为桃炭疽菌，属子囊菌亚门真菌。病部所见的橘红色小粒点是分生孢子盘。

该病主要为害果实，也可侵染幼梢及叶片。幼果染病则发育停止，果面暗褐色，萎缩硬化成僵果残留于枝上。果实膨大后，染病果面初呈淡褐色水渍状病斑，后扩大变红褐色，病斑凹陷有明显同心轮纹状皱纹，湿度大时产生橘红色黏质小粒点，最后病果软腐脱落或形成僵果残留于枝上。新梢染病，呈长椭圆形褐色凹陷病斑，病梢侧向弯曲，严重时枯死。叶片染病产生淡褐色圆形或不规则形灰褐色病斑，其上产生橘红色至黑色粒点，后病斑干枯脱落穿孔，新梢顶部叶片萎缩下垂，纵卷成管状。

2. 发生规律 病原在病梢组织内越冬，也可以在树上的僵果中越冬，春季借风雨或昆虫传播，侵害幼果及新梢，引起初次侵染，以后于新生的病斑上产生孢子，引起再次侵染。病菌发育最适温度为25℃左右，最低温度12℃，最高温度33℃，致死温度为48℃10分钟。分生孢子萌发最适温度为26℃，最低温度9℃，最高温度34℃。一般早熟桃发病重，晚熟桃发病轻。桃树开花期及幼果期低温多雨，有利于发病。果成熟期，则以温暖、多云、多雾、高湿的环境发病严重。

3. 防治方法 在发病初期施药，每隔8～10天防治1次，连续防治2～3次，交替用药。采用1%中生菌素可湿性粉剂1 000～1 200倍液喷雾，或4%抗霉菌素120果树专用型600～800倍液，或80%代森锰锌可湿性粉剂600～800倍液，或50%多菌灵可湿性粉剂600倍液喷施，任选一种农药。

（七）桃褐腐病

1. 病原及症状 病原为子囊菌亚门链核盘菌，无性阶段为丛梗孢。

花部受害：自雄蕊及花瓣尖端开始，先发生褐色水渍状斑点，后逐渐延至全花，随即变褐而枯萎。天气潮湿时，病花迅速腐烂，表面长出灰色霉丛，若天气干燥时则萎垂干枯，残留枝上，长久不脱落。

嫩叶受害：自叶缘开始，病部变褐萎垂，最后病叶残留枝上。

新梢受害：侵害花与叶片的病菌菌丝可通过花梗与叶柄逐步蔓延到果梗和新梢上，形成溃疡斑。病斑长圆形，中央稍凹陷，灰褐色，边缘紫褐色，常发生流胶。当溃疡斑扩展环割一周时，上部枝条即枯死。气候潮湿时，溃疡斑上出现灰色霉丛。

果实受害：果实被害最初在果面产生褐色圆形病斑，如环境适宜，病斑在数日内便可扩及全果，果肉也随之变褐软腐。之后在病斑表面生出灰褐色绒状霉丛，常成同心轮纹状排列，病果腐烂后易脱落，但不少失水后变成僵果，悬挂枝上经久不落。

2. 发病规律　病菌主要以菌丝体在僵果或枝梢的溃疡部越冬，病菌在僵果中可存活数年之久。悬挂在树上或落于地面的僵果在春季升温后，僵果上会产生大量分生孢子，经气流、水滴飞溅及昆虫传播，引起初次侵染。经伤口及皮孔侵入果实，也可直接从柱头、蜜腺侵入花器，再蔓延到新梢，以后在适宜条件下，还能长出大量分生孢子进行多次再侵染。花期及幼果期低温、多雨，果实成熟期及采收贮运期温暖多湿发病严重。褐腐病的发生情况与虫害关系密切，在果实生长后期，若蛀果害虫严重，并且湿度过大，桃褐腐病常流行成灾，引起大量烂果、落果。病伤、机械伤多，有利于病菌侵染，发病较重；管理粗放，树势衰弱的果园发病也重。果实成熟后，一般果肉柔软多汁、味甜以及皮薄的品种较易感病。

3. 防治方法　桃树花芽露红而未展开前施45%石硫合剂晶体30倍液喷雾，于落花后10天左右喷施，间隔10～15天再喷1～2次。果实成熟前1个月左右喷药1次，选用80%代森锰锌可湿性粉剂600～800倍液，或50%多菌灵可湿性粉剂600倍液，或70%

甲基硫菌灵可湿性粉剂 700 倍液，或 50％异菌脲可湿性粉剂 1 000～2 000 倍液喷施，任选一种药，几种药交替使用。

（八）桃疮痂病

1. 病原及症状 该病又称黑星病或黑痣病，病原为嗜果枝孢。

病菌主要以菌丝在枝梢病斑上越冬，主要为害果实，其次为害新梢和叶片。

果实受害：最初出现暗绿色至黑色圆形小斑点，逐渐扩大至直径为 2～3 毫米的病斑，病斑周围始终保持绿色，严重时病斑聚合连片成疮痂状。该病只分割果实表皮，病部果实停止生长，而果实内部（果肉）仍不断增长。因此，病斑往往开裂，但裂口浅而小，一般不会引起果实的腐烂。

新梢受害：最初表面发生紫褐色长圆形斑点，后期病斑隆起，颜色加深，有时发生流胶，最后在病斑表面密生黑色小粒点（分生孢子丛）。病菌只为害病枝表层，翌年树液流动时会产生小黑点，即病菌的分生孢子。

叶片受害：在叶背呈现出多角形或不规则形灰绿色病斑，以后病部转为紫红色枯死斑，最后病叶形成穿孔脱落。

2. 发病规律 病原菌以菌丝或菌丝在地面僵果或树上枝梢病组织中越冬，翌年 4～5 月产生新的分生孢子，借风雨或雾滴传播，从皮孔、气孔或伤口侵入，进行初侵染。病菌侵入寄主后，潜伏期较长，叶及树梢被侵染后，通常需经 25～45 天才能发病，果实上更长达 42～77 天。因此，早熟品种发病较轻，中晚熟品种发病较重。

3. 防治方法

（1）农业防治 加强栽培管理，提高树体抗病力，增施有机肥，控制速效氮肥的用量，适量补充微量元素肥料，以提高树体抵抗力。合理修剪，注意桃园通风透光和排水。秋末冬初结合修剪，彻底清除园内树上的病枝、枯死枝、僵果、地面落果，集中处理，以减少初侵染源。及时喷药防治害虫，减少虫伤，以减少病菌侵入的机会。

（2）药物防治　落花后半个月开始进行喷药保护，可用以下药剂每隔 15 天喷施 1 次，连续防治 3～4 次。所选农药最好交替使用，以免产生抗药性。可选用 1%中生菌素水剂 800 倍液，或 50%多菌灵可湿性粉剂 600 倍液，或 80%代森锰锌可湿性粉剂 500 倍液，任选一种农药。

（九）桃流胶病

1. 病原及症状　桃流胶病分侵染性和非侵染性 2 种类型，侵染性流胶病病原为子囊菌亚门真菌，无性世代为桃小穴壳菌；非侵染性流胶病发病原因主要有冻害、病虫害、雹灾、冬剪过重、机械损伤等。

侵染性流胶病主要发生在枝干上，也可为害果实。1 年生枝染病，初时以皮孔为中心产生疣状小突起，后扩大成瘤状突起物，上散生针头状黑色小粒点，翌年 5 月病斑扩大开裂，溢出半透明状黏性软胶，后变茶褐色，质地变硬，吸水膨胀成胨状胶体，严重时枝条枯死。多年生枝受害，产生水泡状隆起，并有树胶流出，受害处变褐坏死，严重者枝干枯死，树势明显衰弱。果实染病，初呈褐色腐烂状，后逐渐密生粒点状物，湿度大时粒点口溢出白色胶状物。

桃树非侵染性流胶病为生理性病害，主要发生在主干和大枝上，严重时小枝也可发病。初期病部稍肿胀，后分泌出半透明、柔软的树胶，雨后流胶严重，随后与空气接触变为褐色，成为晶莹柔软的胶块，后干燥变成红褐色至茶褐色的坚硬胶块，随着流胶数量增加，病部皮层及木质部逐渐变褐腐朽（但没有病原物产生）。致使树势越来越弱，严重者造成死树，雨季发病重，大龄树发病重，幼龄树发病轻。

2. 发病规律　侵染性流胶病的病原菌以菌丝体和分生孢子器在树干、树枝的染病组织中越冬，翌年在桃花萌芽前后产生大量分生孢子，借风雨传播，并且从伤口或皮孔侵入，一年中该病有 2 个发病高峰，第一次在 5 月上旬至 6 月上旬，第二次在 8 月上旬至 9 月上旬。一般在直立生长的枝干基部以上部位或枝干分杈处易积水的地方受害重。土质瘠薄，肥水不足，负载量大，均可诱发该病。

3. 防治方法

（1）农业防治　冬季修剪清园，剪除病枯枝干，集中销毁，减少病源。掌握新型管理技术科学修剪，注意生长季节及时疏枝回缩，冬季修剪时少疏枝，减少枝干伤口，修剪结束后立即喷施 45%石硫合剂晶体 1 200 倍液进行消毒，减少病源污染。

（2）药物防治　桃树萌芽前全树用 45%石硫合剂晶体 200 倍液涂白树干，杀死越冬病源。桃树生长期用 70%甲基硫菌灵可湿性粉剂 700 倍液，或 50%多菌灵可湿性粉剂 600 倍液喷施。

二、桃主要虫害及防治技术

（一）桃红颈天牛

桃红颈天牛属鞘翅目天牛科。

1. 形态特征

成虫：体长 28～37 毫米，黑色，有光亮前胸大部分棕红色或全部黑色，有光泽。前胸两侧各有 1 个刺突，背面有瘤状突起。

卵：卵圆形，乳白色，长 6～7 毫米。

幼虫：老熟幼虫体长 42～52 毫米，乳白色，前胸较宽广。幼虫身体前半部各节略呈扁长方形，后半部稍呈圆筒形，体两侧密生黄棕色细毛。

蛹：体长 35 毫米左右，初为乳白色，后渐变为黄褐色。前胸两侧各有 1 个突起。

2. 为害症状　桃红颈天牛主要为害桃树木质部，卵多产于树势衰弱枝干、树皮缝隙中，幼虫孵出后向下蛀食韧皮部。翌春幼虫恢复活动后，继续向下由皮层逐渐蛀食至木质部表层，初期形成短浅的椭圆形蛀道，中部凹陷，6 月以后由蛀道中部蛀入木质部，蛀道呈不规则形。随后幼虫由上向下蛀食，在树干中蛀成弯曲无规则的孔道，有的孔道长达 50 厘米。仔细观察，在树干蛀孔外和地而上常有大量排出的红褐色粪屑。该虫害以幼虫在主干蛀道内为害。6～7 月成虫羽化，中午 12 时至下午 2 时成虫活动最盛。卵产于主干表皮裂缝内，无刻槽。被害主干及主枝蛀道扁宽，且不规则，蛀道内充塞木屑和虫粪，为害重时，主干基部伤痕累累，并堆积大量红褐色虫粪和蛀屑。

3. 发生规律　2～3 年发生 1 代，以各龄幼虫越冬，寄主萌动后开始为害。幼虫蛀食树干，初期在皮下蛀食逐渐向木质部深入，钻成纵横的虫道，深达树干中心，并排出木屑状粪便于虫道外。受害的枝干引起流胶，生长衰弱。

幼虫在树干的虫道内蛀食两三年后，老熟在虫道内做茧化蛹。成虫在 6 月开始羽化，中午多静息在枝干上，交尾后产卵于树干或骨干大枝基部的缝隙中，卵经 10 天左右孵化成幼虫，在皮下为害，以后逐渐深入到木质部。孵化的初龄幼虫在果树地皮层下蛀食为害，幼虫长到 3 厘米左右，则以蛀食果树的木质部为主，并向外咬一个排粪孔。入冬后，幼虫休眠，翌春开始活动，循环往复，年年如此。

4. 防治方法

（1）对主干及主枝分杈部位进行涂白　在 5 月下旬成虫产卵前对主干及主枝分杈部位进行涂白［涂白剂用生石灰和水按 1∶（3～5）比例调制而成，加入少量食盐可增加黏着作用，加入少量石硫合剂可提高防虫效果］，减少产卵。

（2）人工捕杀　6～7 月成虫发生盛期，可进行人工捕捉。捕捉的最佳时间是早晨 6 时以前或大雨过后太阳出来。用绑有铁钩的长竹竿，钩住树枝，用力摇动，害虫便纷纷落地，逐一捕捉。或利用从中午至下午 3 时前成虫有静息枝条的习性，组织人员在果园进行捕捉，可取得较好的防治效果。

（3）药剂防治　6～7 月成虫发生盛期和幼虫刚刚孵化期，在树体上喷洒2.5%溴氰菊酯乳油1 200～1 500倍液或10%吡虫啉可湿性粉剂2 000倍液，7～10天防治1次，连续防治2～3次。或用虫孔施药，大龄幼虫蛀入木质部后，清理树干上的排粪孔，用一次性医用注射器，向蛀孔灌注2.5%溴氰菊酯乳油1 200～1 500倍液或10%吡虫啉可湿性粉剂2 000倍液，然后用泥封严虫孔口。

（二）桃小食心虫

桃小食心虫简称桃小，属昆虫纲鳞翅目蛀果蛾科。

1. 形态特征

成虫：雌虫体长7～8毫米，雄虫体长5～6毫米，全体白灰色至灰褐色，复眼红褐色。雌虫唇须较长向前直伸；雄虫唇须较短并向上翘。前翅中部近前缘处有近似三角形蓝灰色大斑，近基部和中部有7～8簇黄褐色或蓝褐色斜立的鳞片。后翅灰色，缘毛长，浅灰色。

卵：椭圆形或桶形，初产卵橙红色，渐变深红色，接近孵化时呈暗红色，卵壳表面具不规则多角形网状刻纹。

幼虫：幼虫体长13～16毫米，桃红色，腹部色淡，无臀栉，头黄褐色，前胸盾黄褐色至深褐色，臀板黄褐色或粉红色。前胸气门前毛片上有2根刚毛（其他食心虫是3根刚毛）。腹足趾钩单序环10～24个，臀足趾钩9～14个。

蛹：蛹长6.5～8.6毫米，刚化蛹时黄白色，近羽化时灰黑色，翅、足和触角端部游离，蛹壁光滑无刺。茧分冬、夏两型。冬茧扁圆形，直径6毫米，长2～3毫米，茧丝紧密，包被老龄休眠幼虫；夏茧长纺锤形，长7.8～13毫米，茧丝松散，包被蛹体，一端有羽化孔。两种茧外表黏着土沙粒。

2. 为害症状 桃小食心虫的寄主主要有苹果、梨、海棠、木瓜、枣、桃、李、杏等植物。幼虫蛀果为害最重，幼虫入果后，从蛀果孔流出泪珠状果胶，干后呈白色透明薄膜，幼虫在果内串食果肉并排粪，形成豆沙果，幼果受害呈畸形。果实被害后，不能食用，失去商品价值。

3. 发生规律　桃小食心虫的发生与温湿度关系密切。该虫害主要以幼虫在果实中为害。老熟幼虫结冬茧在树冠下土中越冬，越冬幼虫出土始期，当旬平均气温达到 16.9 ℃、地温达到 19.7 ℃时，如果有适当的降水，即可连续出土。温度在 21～27 ℃，相对湿度在 75%以上，对成虫的繁殖有利；高温、干燥对成虫的繁殖不利，长期下雨或暴风雨抑制成虫的活动和产卵。

越冬幼虫出土期为 5 月末至 7 月中旬，盛期在 6 月上旬，幼虫出土期如遇适当降雨，即连续大量出土，出土期非常集中；气候干旱，则出土数量少，出土期也相应推迟。幼虫出土后常依傍土、石块或杂草茎秆结夏茧化蛹，蛹期 15～18 天。越冬代成虫羽化盛期在 6 月下旬至 7 月上旬。早期出现的成虫，往往由于气温低不能交尾、产卵繁殖，称为无效虫。成虫羽化后白天静伏，夜间活动，以凌晨 0～2 时活动最盛。产卵前期 2～3 天，在适宜温湿度条件下，每头成虫平均产卵 200～300 粒。卵多产在果实萼洼内，卵期 6～7 天。幼虫孵化后多从果实胴部蛀入，在果实中为害 20 多天。7 月底以前脱果的幼虫，结夏茧继续发生第二代，8 月初以后脱果的幼虫，结夏茧数量开始减少，结冬茧的比例逐渐增多，至 8 月底以后脱果的幼虫则全部结冬茧越冬。

桃小食心虫的成虫无趋光性和趋化性，但雌蛾能产生性激素，可诱引雄蛾。成虫有夜出昼伏现象和世代重叠现象。

4. 防治方法

（1）农业防治　减少越冬虫源基数，在幼虫出土和脱果前，清除树盘内的杂草及其他覆盖物，整平地面；在第一代幼虫脱果前，及时摘除虫果，并带出果园集中处理。

（2）性诱剂防治　用桃小食心虫性诱剂在越冬代成虫发生期进行诱杀。

（3）生物防治　在幼虫初孵期，喷施细菌性农药（苏云金杆菌乳剂），使桃小食心虫罹病死亡。

（4）药剂防治　用 25%灭幼脲 3 号胶悬剂 1 000 倍液喷施。

（三）桃蛀螟

桃蛀螟属鳞翅目螟蛾科，寄主杂，除为害桃果外，还为害梨、李、板栗、苹果、核桃、杏等多种果树，以及玉米、高粱、向日葵、棉花等农作物，是杂食性害虫。成虫具有趋光趋化性。

1. 形态特征

成虫：体长12毫米，翅展22～25毫米，全身黄色至橙黄色，体背及翅的正面散生大小不等的黑色斑点，腹部背面与侧面有成排的黑斑。

卵：椭圆形，长0.6毫米，宽0.4毫米，表面粗糙布细微圆点，初乳白色，后渐变橘黄色、红褐色。

幼虫：体长22毫米，体色多变，有淡褐色、浅灰色、暗红色等，腹面多为淡绿色。头暗褐色，前胸背板和臀板褐色，身体各体节有灰褐色瘤点。

蛹：长13毫米，初淡黄绿色，后变褐色，臀棘细长，末端有曲刺6根。

茧：长椭圆形，灰白色。

2. 为害症状 幼虫多从果蒂部或果与叶及果与果相接处蛀入。果外有蛀孔，常从孔中流出黄褐色透明胶汁，与幼虫排出的褐色粪便黏结附于果面，很易识别。幼虫在果内可将果仁吃光，果内充满虫粪，使果实不能正常发育、变色脱落或内部充满虫粪，严重影响产量和质量。

3. 发生规律 一般发生3～4代，以老熟幼虫在玉米、向日葵、高粱秆等穗轴内以及果树粗皮裂缝、堆果场等处越冬。越冬幼虫于翌年4月中下旬开始化蛹、羽化，5月中下旬为第一代卵高峰期。第一代幼虫主要为害早熟桃果实，第二代幼虫除为害中晚熟桃外，还为害玉米等，三、四代幼虫在9月下旬至10月陆续老熟并结茧越冬，幼虫有世代重叠现象。成虫昼伏夜出，有趋光性，对黑光灯趋性强，但对普通灯光趋性弱，对糖醋液也有趋性，喜食花蜜和成熟葡萄、桃汁。越冬成虫羽化后，在枝叶茂密的桃果或果与果相连处产卵（散产）。成虫产卵随桃品种及成熟期不同而不同，一般在早熟品种上产卵早，晚熟品种上产卵晚；晚熟桃上着卵数比中熟桃多；水蜜桃着卵数比硬肉桃多。

4. 防治方法　防治桃蛀螟的方法有：①清理越冬场所，在冬季清园，用药防除；②诱杀成虫，利用其趋黑光和糖醋液的特性，用黑光灯或糖醋毒液诱杀成虫；③成虫产卵高峰期（6月下旬至7月下旬）喷施50 000国际单位/毫克苏云金杆菌可湿性粉剂500～1 000倍液、1.8%阿维菌素乳油6 000倍液或25%灭幼脲3号悬浮剂1 000～1 500倍液，防治2～3次。

（四）桑白蚧

桑白蚧又名桑盾蚧、桃介壳虫，为盾蚧科拟白轮盾蚧属的一种昆虫，是南方桃树、李树的重要害虫。

1. 形态特征

成虫：雌成虫橙黄色或橙红色，体扁平卵圆形，长约1毫米，腹部分节明显。雌介壳圆形，直径2～2.5毫米，略隆起，有螺旋纹，灰白色至灰褐色，壳点黄褐色，在介壳中央偏旁。雄成虫橙黄色至橙红色，体长0.6～0.7毫米，翅仅有1对。雄介壳细长，白色，长约1毫米，背面有3条纵脊，壳点橙黄色，位于介壳的前端。

卵：椭圆形，长0.25～0.3毫米，初产时淡粉红色，渐变淡黄褐色，孵化前为橙红色。

若虫：初孵若虫淡黄褐色，扁椭圆形，体长0.3毫米左右，可见触角、复眼和足，能爬行，腹末端具2根尾毛，体表有棉毛状物遮盖。蜕皮之后眼、触角、足、尾毛均退化或消失，开始分泌蜡质介壳。

2. 为害症状　以雌成虫和若虫群集固着在枝干上吸食养分，严重时灰白色的介壳密集重叠，形成枝条表面凹凸不平，树势衰弱，枯枝增多，甚至全株死亡，若不加有效防治，3～5年可将全园毁灭。

3. 发生规律 一般年发生2代，以第二代受精雌虫于枝条上越冬，春季桃树萌动时开始吸食为害。5月中旬为卵孵化始盛期，分散在2～5年生枝条上固着取食，树枝分杈处和阴面居多，6～7天后开始分泌毛状蜡丝，形成介壳。第一代若虫期长达40～50天，第二代若虫期30～40天，发生期长，跨度大。

4. 防治方法 防治桑白蚧的方法：①清除越冬雌虫，休眠期用硬毛刷清除枝条上的越冬雌虫，剪除受害枝条。冬季或桃树萌发前树干涂刷或喷雾，用45%石硫合剂晶体30倍液，或20%松脂酸钠可溶性粉剂8～15倍液；②春季树体发芽前用95%机油乳油60～80倍液加25%灭幼脲3号悬浮剂1 000倍液进行喷施；③若虫孵化期（5月中下旬、8月下旬）施药，用10%浏阳霉素乳油、10%吡虫啉可湿性粉剂4 000倍液喷施。

（五）桃蚜

桃蚜属半翅目蚜科，为广食性害虫，寄主植物约有74科285种。桃蚜有迁飞性，属转主寄生害虫，其中冬寄主（原生寄主）主要有梨、桃、李、梅、樱桃等蔷薇科果树，夏寄主（次生寄主）主要有白菜、甘蓝、萝卜、芥菜、芸薹、芜菁、甜椒、辣椒、菠菜等多种作物。

1. 形态特征

无翅孤雌蚜：体长约2.6毫米，宽1.1毫米，体色黄绿色、洋红色。腹管长筒形，长度是尾片的2.37倍，尾片黑褐色，尾片两侧各有3根长毛。

有翅孤雌蚜：体长2毫米，腹部有黑褐色斑纹，翅无色透明，翅痣灰黄色或青黄色。

有翅雄蚜：体长1.3～1.9毫米，体色深绿色、灰黄色、暗红色或红褐色，头胸部黑色。

卵：椭圆形，长0.5～0.7毫米，初为橙黄色，后变成漆黑色而有光泽。

2. 为害症状 桃蚜主要是刺吸植物体内汁液，使植株不能正常生长。还可分泌蜜露，引起煤污病，影响植物正常生长，更重要的是，桃蚜能够传播多种植物病毒，如黄瓜花叶病毒、马铃薯Y病毒和烟草蚀纹病毒等。

3. 发生规律　桃蚜生活周期短、繁殖量大，一年可发生20～30代，各代均可在冬寄主上越冬。桃蚜以卵在桃树枝条间隙及腋芽中越冬，3月中下旬，开始孤雌胎生繁殖，新梢展叶后开始为害。繁殖几代后，于5月开始产生有翅成虫，6～7月飞迁至第二寄生（夏寄主），如烟草、马铃薯等植物上，在9月左右，又大量产生有翅成虫，迁飞到白菜、萝卜等蔬菜上，到10月再飞回桃树上产卵越冬，并有一部分成虫或若虫在夏寄主上越冬。桃蚜有迁飞性和趋光性。桃蚜的天敌有瓢虫、食蚜蝇、草蛉、烟蚜茧蜂、菜蚜茧蜂、蜘蛛、寄生菌等。

4. 防治方法　桃蚜的防治方法主要有：①黄板诱杀；②冬季桃树休眠期喷施95%机油乳油100～200倍液；③桃树未开花和卷叶前，花后至初夏各施药1次，交替用药，所用农药有0.36%苦参碱水剂500倍液、22.4%螺虫乙酯悬浮液2 000倍液、10%吡虫啉可湿性粉剂1 500～2 000倍液、1.8%阿维菌素乳油1 800～2 000倍液，交替使用。

（六）桃小绿叶蝉

桃小绿叶蝉又名桃小浮尘子，属同翅目叶蝉科，是桃树重要害虫之一，国内大部分地区均有分布。桃小绿叶蝉为害桃、杏、李、樱桃、梅、苹果、梨、葡萄等果树及禾本科、豆科等植物。

1. 形态特征

成虫：体长3.3～3.7毫米，淡黄绿色至绿色，复眼灰褐色至深褐色，无单眼，触角刚毛状，末端黑色。前胸背板、小盾片浅鲜绿色，常具白色斑点。前翅半透明，略呈革质，淡黄白色，周缘具淡绿色细边。后翅透明膜质，各足胫节端部以下淡青绿色，爪褐色，跗节3节，后足跳跃足。腹部背板色较腹板深，末端淡青绿色。头背面略短，向前突，喙微褐色，基部绿色。

卵：长椭圆形，略弯曲，长径0.6毫米，短径0.15毫米，乳白色。

若虫：体长2.5～3.5毫米，与成虫相似。

2. 为害症状 以成虫、若虫吸食芽、叶和枝梢的汁液，被害叶初期叶面出现黄白色小点，严重时斑点相连，以后渐扩大成片，使整片叶变成苍白色，使叶提早脱落，严重时全树叶苍白早落。

3. 发生规律 以成虫在常绿树叶中或杂草中越冬。翌年3～4月开始从越冬场所迁飞到嫩叶上刺吸为害。成虫产卵于叶背主脉内，以近基部为多，少数在叶柄内。雌虫一生产卵46～165粒。虫孵化后，喜群集于叶背面吸食为害，受惊时很快横行爬动。第一代成虫开始发生于6月初，第二代7月上旬，第三代8月中旬，第四代9月上旬。第4代成虫于10月在杂草丛间、越冬作物上或在松柏等常绿树丛中越冬。

4. 防治方法 防治桃小绿叶蝉的主要方法有：①消灭越冬害虫，减少虫源，入冬后，成虫出蛰前及时刮除翘皮，并彻底清除落叶及周边杂草，集中进行销毁或深埋；②桃树冬剪以后，及时涂刷白涂剂，以保护树体；③采用频振式杀虫灯诱杀成虫，利用成虫的趋光性，可在夜间利用灯光来诱杀桃小绿叶蝉的成虫；④在各代若虫孵化盛期施药，用10%吡虫啉可湿性粉剂1 500～2 000倍液或1.8%阿维菌素乳油1 800～2 000倍液喷施。

（七）黄刺蛾

黄刺蛾属鳞翅目刺蛾科。

1. 形态特征

成虫：体长13～16毫米，翅展30～34毫米，体粗壮，黄褐色，鳞毛较厚。头胸部黄色，复眼黑色。触角丝状，灰褐色。下唇须暗褐色，向上弯曲。前翅自顶角分别向后缘基部1/3处和臀角附近分出2条棕褐色细线，内侧线以内至翅基部黄色，并有2个深褐色斑点，外侧黄褐色。后翅淡黄褐色，边缘色较深。

卵：扁椭圆形，长约 1.5 毫米，表面具线纹。初产时黄白色，后变黑褐色。常数十粒排列成不规则块状。

幼虫：末龄幼虫体长约 25 毫米，头小，淡褐色，胸部肥大，黄绿色，背面有一紫褐色哑铃形大斑，边缘发蓝。体略呈长方形，体背面有一大型前后宽、中间窄的紫褐色斑。各体节有 4 个枝刺，以腹部第一节的最大，依次为第七节、胸部第三节、腹部第八节、腹部第二至六节的刺最小。胸足极小，腹足退化。前胸盾板半月形，左右各有一黑褐斑。胴部第二节以后各节有 4 个横列的肉质突起，上生刺毛与毒毛，其中以第三节、第四节、第十节、第十一节者较大。气门红褐色，气门上线黑褐色，气门下线黄褐色。臀板上有 2 个黑点，胸足极小，腹足退化，第一至七腹节腹面中部各有一扁圆形吸盘。

蛹：椭圆形，粗而短，长约 12 毫米，黄褐色，包被在坚硬的茧中。茧灰白色，表面光滑，有几条褐色长短不一的纵纹，外形极似鸟蛋。

2. 为害症状　以幼虫为害植物叶片，低龄幼虫啃食叶肉，被害叶成网状。

3. 发生规律　一般发生 2 代，幼虫在 5 月上旬开始化蛹，5 月下旬至 6 月上旬开始羽化。成虫发生盛期在 6 月上中旬。卵期平均 7 天。第一代幼虫发生期在 6 月中下旬至 7 月上中旬，老熟幼虫在枝条上结茧化蛹，7 月下旬羽化。第二代幼虫在 8 月上中旬为害重，8 月下旬陆续老熟结茧越冬。

4. 防治方法　防治黄刺蛾的主要方法有：①冬季清园，结合果树冬剪，彻底清除或刺破越冬虫茧；②桃树生长期，幼虫发生为害期时施药，用灭幼脲 3 号、苏云金杆菌或阿维菌素等防治。

（八）扁刺蛾

扁刺蛾属鳞翅目刺蛾科扁刺蛾属，除为害桃外，还为害苹果、梨、枣、梧桐、白杨、泡桐、柿树等多种植物。

1. 形态特征

成虫：雌蛾体长13～18毫米，翅展28～35毫米，体暗灰褐色，腹面及足的颜色更深。前翅灰褐色，稍带紫色，中室的前方有一明显的暗褐色斜纹，自前缘近顶角处向后缘斜伸。雄蛾中室上角有一黑点（雌蛾不明显），后翅暗灰褐色。

卵：扁平光滑，椭圆形，长1.1毫米，初为淡黄绿色，孵化前呈灰褐色。

幼虫：老熟幼虫体长21～26毫米，宽16毫米，体扁形、椭圆形，背部稍隆起，形似龟背。全体绿色或黄绿色，背线白色。体两侧各有10个瘤状突起，其上生有刺毛，每一体节的背面有2小丛刺毛，第四节背面两侧各有一红点。

蛹：长10～15毫米，前端肥钝，后端略尖削，近椭圆形。初为乳白色，近羽化时变为黄褐色。茧长12～16毫米，椭圆形，暗褐色，形似鸟蛋。

2. 为害症状 扁刺蛾以幼虫取食叶片为害，发生严重时，可将寄主叶片吃光，造成严重减产。

3. 发生规律 在西南地区一般1年发生2代，均以老熟幼虫在寄主树干周围土中结茧越冬，越冬幼虫4月中旬化蛹，成虫5月中旬至6月初羽化。第一代幼虫发生期为5月下旬至7月中旬，盛期为6月初至7月初；第二代幼虫发生期为7月下旬至9月底，盛期为7月底至8月底。成虫羽化多集中在黄昏时分，尤以晚上6～8时羽化最多。成虫羽化后即行交尾产卵，卵多散产于叶面，初孵化的幼虫停息在卵壳附近，并不取食，第一次蜕皮后，先取食卵壳，再啃食叶肉，仅留1层表皮。幼虫取食不分昼夜，自6龄起，取食全叶，虫量多时，常从一枝的下部叶片吃至上部，每枝仅存顶端几片嫩叶。幼虫期共8龄，老熟后即下树入土结茧，下树时间多在晚上8时至翌日清晨6时，而以凌晨2～4时下树的数量最多。结茧部位的深度和距树干的远近与树干周围的土质有关，黏土地结茧位置浅，距离树干远，比较分散；腐殖质多的土壤及沙壤土地，结茧位置较深，距离树干较近，而且比较集中。

4. 防治方法　扁刺蛾的防治方法同黄刺蛾。

（九）桃潜叶蛾

桃潜叶蛾属鳞翅目潜叶蛾科，主要为害危害桃、杏、李、樱桃、苹果、梨等植物。

1. 形态特征

成虫：体长3毫米，翅展6毫米，体及前翅银白色。前翅狭长，先端尖，附生3条黄白色斜纹，翅先端有黑色斑纹。前后翅都具有灰色长缘毛。

卵：扁椭圆形，无色透明，卵壳极薄而软，长径为0.33～0.26毫米。

幼虫：体长6毫米，胸淡绿色，体稍扁，有黑褐色胸足3对。

茧：扁枣核形，白色，茧两侧有长丝黏于叶上。

2. 为害症状　以幼虫在叶组织内潜食为害，串成弯曲隧道，并将粪粒充塞其中，叶的表皮不破裂，从叶表面可以看到幼虫所在的位置。叶受害后枯死脱落。幼虫老熟后在叶内吐丝结白色薄茧化蛹。

3. 发生规律　每年发生约7代，以成虫在桃园附近的梨树、杨树等树皮内以及杂草、落叶、石块下越冬。翌年桃树展叶后成虫羽化，产卵于叶表皮内。老熟幼虫在叶内吐丝结白色薄茧化蛹。5月上旬发生第一代成虫，以后每月发生1次，最后1代发生在11月上旬。

4. 防治方法

（1）农业防治　冬季结合清园，扫除落叶烧毁。

（2）药物防治　桃树春梢展叶期，5月下旬至8月上中旬、幼虫潜入叶组织之前施药效果最好，用22.4%螺虫乙酯悬浮剂2 000倍液、50 000国际单位/毫克苏云金杆菌可湿性粉剂500～1 000倍液或1.8%阿维菌素乳油1 800～2 000倍液喷施。

第三节　桃生理性病害及防治措施

桃生理性病害主要表现为裂核、裂果、流胶及一些中量、微量元素缺乏引起的植株生长异常的症状。

一、裂核

（一）症状

1. 外部症状 发病较轻的果实都能正常成熟，桃果裂核后，在外观和肉质上一般不大受影响，但因裂核会造成果实单个重量梢偏轻，吃时桃核会分开，果实味淡且不耐贮藏。发病较重的果实则表现为不正常早熟，果大而轻，严重时裂口从果柄着生处开裂，外果皮底色为病状黄绿色。沿果子中线掰开，果肉带丝状果胶，肉质松软，细胞间隙大，味淡，水分少，甚至带苦涩味，商品性差。

2. 内部症状 发病较轻的表现为果核沿中线开裂，核外皮发育不完全，核纹不明显，松脆易破，核仁小而秕，形成不了子叶，有些呈白色胶水状。严重时核仁内皮呈黑褐色并易感染灰霉病菌，形成丝毛状菌丝体。

（二）发生时期

一是在果核尚未木质化时，即果实第一次迅速膨大期，发生在核的内层部分。二是硬核期时发生，裂核使胚与核脱落，从而使胚不能获得充足的营养而退化。

（三）发生原因

1. 与品种特性有关 有些品种固有特性就容易裂核，尤其是早熟品种，核未完全木质化时，即进入果实迅速增重增大期，容易裂核。一些大果型品种，其养分和水分输送较快，易造成裂核。

2. 与气候条件有关 在桃果实硬核期前后（即桃核生长发育期间）遇到气温低、雨水过多，土壤地下水位过高，排水不良都容易裂核；或久旱遇大雨或久雨遇大旱都容易造成裂核，是由于果核发育不完全造成的。

3. 与管理水平有关 氮肥施用过多，磷肥不足，造成桃树徒长，不重视夏季修剪，桃的营养生长过旺，遮阴严重，都容易造成裂核。

（四）防治措施

桃核开裂后没有补救措施，但可采取一些预防措施，选择抗裂核的品种，管理上加强开沟排水，防涝防旱；重视夏季修剪，防止树冠内遮阴，增加通风透光性；合理施肥，增施有机肥，适量施用氮肥，增施磷、钾肥。

二、裂果

（一）症状

桃裂果是指桃果实表皮或角质层开裂的现象，有的裂痕呈纵裂纹，有的裂痕呈横裂纹，还有的呈放射形或网状裂纹。果实纵裂时，裂口自果顶沿缝合线裂至果柄，深度最深可达果核，有时伴随着裂核现象发生；横裂时，裂口在果实表面呈条状横向开裂（或沿缝合线两侧横向开裂）；放射形开裂即裂口以果柄处为中心呈放射状裂开，裂口有时不止 1 个，这种开裂一旦发生，果柄与果实相连接的维管束断裂，使果实生长发育受阻，果实皱缩、干瘪，甚至脱落；网状裂纹多发生在果实阳面或梗洼处，深入果皮，纵横条纹交织成网状，果面粗糙、龟裂（马瑞娟等，2012）。

（二）发生原因

1. 品种和遗传特性　不同品种的裂果程度不尽相同，抗裂能力也存在差异，均是由其自身的遗传特性决定的。油桃品种容易裂果；肉质疏松的品种比紧密硬实的品种容易裂果；北方品种引入南方以后，由于气候、土壤等相差较大，使得原本在北方不表现裂果的品种，在南方裂果严重。

2. 不良气候的影响　桃果实成熟过程中，果肉可溶性糖逐渐积累而降低了渗透势，造成果肉吸收水分的速度增加，从而增加果肉膨压，如遇降雨，水分吸收更多，使果皮胀裂，同时降雨使果面温度下降，温度的骤冷骤热变化易导致裂果。或桃果实成熟过程中干旱时间长，气温较高，突遇大雨降温，也容易导致裂果。

3. 营养元素的影响 在桃栽培中，偏施氮肥和少施磷肥，缺钙、锰肥等都会造成树体营养元素失调，进而影响果实品质，导致裂果。树体缺磷易引起叶片早期脱落，新梢和细根生长不良，淀粉难转化成可溶性糖，使果实含糖量下降，果实开裂甚至流胶。

（三）防治措施

1. 选择优良品种 选择不易裂果的品种，硬肉型品种比肉质疏松的品种好；选择能避开雨季成熟的品种。

2. 加强田间管理 对桃树进行适时修剪，注重夏剪，防止树冠内遮阴，保持通风透光。做好开沟排水，适时排灌，保证充足的水分，预防果园湿度过高或过低。

3. 合理补充养分 在桃生长过程中，增施有机肥，搞好测土配方施肥，在果实膨大期，增施磷、钾肥和钙肥，根据生长情况补充锰、镁肥。减少因为营养缺乏引起的裂果症状发生。

4. 适时选择套袋 对中晚熟品种中容易裂果的品种，选择套袋可以减少裂果的发生，在雨季来临前，对定果后的果实进行套袋，减少裂果的发生，提高果品品质。

三、流胶

桃树流胶病分侵染性流胶和非侵染性流胶，侵染性流胶在本章第二节已介绍。生理性流胶指的是非侵染性流胶。

（一）症状

生理性流胶病主要表现为主干、主枝病部稍肿胀，早春即流出黄色半透明的胶液，干燥后形成红褐色至茶褐色的硬块。病部皮层和木质部褐腐，无小黑粒点，叶黄而小。桃果受损害时，病部流出白色或淡黄色半透明的胶液，干燥后形成红褐色至茶褐色的硬块，无食用价值，由果核分泌黄色胶，病部变硬。

（二）发生原因

桃生长过程中受冻害、病虫害、雹灾、冬剪过重，以及机械伤口多且大、除草剂使用都会引起生理性流胶病发生。

（三）防治措施

1. 减少农事操作过程中的伤害 在农事操作过程中尽量减少对果树的伤害。修剪时选择晴天修剪，重视夏剪，可以减少大枝条的发生，减少机械伤口过大过多的发生。施肥、人工除草过程中不能伤害到桃树，避免枝干上树皮受伤害引起流胶。

2. 预防病虫害发生危害 在桃生长过程中，做好病虫害预防工作，减少病虫害引起的伤害而导致流胶病的发生。桃果实成熟过程中，防止蜂类、蚂蚁、鸟害等的发生，它们为害成熟期的果实会造成腐烂无收，为未成熟的果实，在伤口处会造成流胶，影响果品质量。

3. 禁止使用除草剂 除草剂使用过程中，由于喷雾容易对树体或果实产生危害，造成流胶，影响桃的生长发育。

四、桃微量元素缺乏症

在桃生长发育过程中，由于微量元素缺乏，造成植株生长发育受阻而引起的生理性病害。

（一）桃树缺铁症

1. 主要症状 铁对叶绿素的合成有催化作用，铁又是构成呼吸酶的成分之一，桃树缺铁时叶绿素合成受到抑制，就会表现叶脉间褪绿，严重时整片叶黄化白化，导致幼叶嫩梢枯死。

2. 发生原因 桃树缺铁往往与土壤的酸碱度、干湿度和用肥习惯有关。因此，不能为了补铁而补铁，而应彻底了解造成桃树缺铁的原因，从根本上解决桃树缺铁问题。一是土壤板结，根部氧气不足。黄叶的桃园多数是缺少中耕，土壤不疏松、透气性差，桃树根部严重缺氧，导致根系不能正常吸入氧气而造成缺铁。二是水分偏少，土壤干旱。当地虽然没有出现严重的干旱，但是已是好长时间没下过透雨，地表水蒸发，盐分向土壤表层集中，抑制了桃树对铁的吸收。三是一般碱性土壤容易缺铁。尤其是石灰岩层土壤，更容易导致酸碱失衡，出现缺铁症状。四是施肥不当。平时施用氮、磷肥过多，氮、磷过盛，时间长了也会影响桃树对铁的吸入。

3. 防治措施 一是改良土壤。在给桃树追肥时，适当增施有机肥或免耕肥，增加土壤有机质含量，改变土壤的理化性质，释放被固定的铁元素。二是对碱性土壤的桃园施用生理酸性肥料。三是人工补铁，每株盛果树可用0.3%～0.4%硫酸亚铁溶液或0.1%～0.2%螯合铁溶液进行叶面喷施或根施，对已出现黄叶症状的要进行叶面喷施，每隔5～7天喷施1次，连续2～3次。

（二）桃树缺钙症

1. 主要症状 桃树缺钙，首先从幼叶开始表现症状，然后逐渐向老叶发展。发病初期，幼叶除叶缘、叶尖为浅绿色外，其余部分均呈深绿色。发病后期，幼叶变黄，叶缘、叶尖或叶脉附近出现红褐色坏死斑，有时变形呈钩状，并大量脱落，造成枝梢顶枯。老叶叶缘也失绿，甚至干枯和破损，叶柄变脆，常有落叶发生。根系生长受阻，根尖过早停长，病重时，幼根常腐烂死亡，烂根附近会长出许多短而粗的新根。果实发病，会出现苦痘病、斑点病、裂果、内部腐烂等，果面产生褐色圆斑，大小不等，稍凹陷，有时周围有紫色晕圈，病果皮下浅层果肉变褐，坏死，呈海绵状，有苦味。

2. 发生原因 土壤酸性大或过于干燥，以及土壤中含氮、钾、镁过多时，桃树易发生缺钙症。

3. 防治方法 防治桃树缺钙症的主要方法有：①避免一次施

用大量的钾肥和氮肥，施用磷肥时选用普钙肥，可以补充钙；②在花后 45～60 天，可喷施 200 倍液硝酸钙加 300 倍液硼砂等量混合液，连喷 2～3 次；③在果实生长中后期，可喷施硫酸钙 1 000 倍液或硝酸钙 200～300 倍液。

（三）桃树缺锌症

1. 主要症状　桃树缺锌，多从老叶开始，然后逐渐向新叶发展，使新梢上下普遍发生，一般在桃树生长初期就能表现症状。锌与生长素、叶绿素以及光强有关，因此缺锌时桃树相应表现出生长受阻、叶片失绿以及树体阳面叶片发病重的症状。发病初期，新梢细，节间短；下部叶片除叶脉本身及其附近组织仍然保持原有绿色外，脉间叶肉明显失绿变黄，并且失绿部位开始为间断而不规则形的斑块，以后逐渐连成片；顶端叶片小，无叶柄，呈丛状簇生，因此又称小叶病。发病后期，叶片狭窄质硬，有时皱缩外卷，并产生紫红色坏死斑，老叶极易早落，并由下往上发展，最终造成新梢光秃，甚至枯死；花芽少，果小、皮厚且畸形，品质差，采前有裂果现象。与缺铁症的区别是，缺铁是新叶先发病，黄化严重，叶片不皱缩外卷。

2. 发生原因　有机质、水分和锌含量少的土壤以及盐碱地，易出现缺锌症。土壤中大量施用氮、磷、钾、钙、锰、铜、钼、铁肥时阻碍桃树对锌的吸收，也易出现缺锌症。此外，土壤温度低和通气性差时，也易发生缺锌症。

3. 防治方法　防治桃树缺锌症的主要方法有：①结合秋施有机肥施药，混施硫酸锌，每株用量 0.5～1.0 千克；②在休眠期施药，可喷施硫酸锌 30～50 倍液；③花后 20 天施药，可喷施 500 倍液硫酸锌加 300 倍液尿素等量混合液。

（四）桃树缺硼症

1. 主要症状　桃树缺硼，幼叶发病，老叶不表现病症。发病初期，顶芽停止生长，幼叶黄绿色，其叶尖、叶缘或叶基出现枯焦，并逐渐向叶片内部发展。发病后期，病叶凸起、扭曲甚至坏死早落；新生小叶厚而脆，畸形，叶脉变红，叶片簇生；新梢顶枯，并从枯死部位下方长出许多侧枝，呈丛枝状。花期缺硼会引起授粉受精不良，从而导致大量落花，坐果率低，甚至出现缩果症状，果实变小，果面凹陷、皱缩或变形。因此，桃树缺硼症又称缩果病。缩果病有2种类型：一种是果面上病斑坏死后，木栓化变成干斑；另一种是果面上病斑呈水渍状，随后果肉褐变为海绵状。病重时有采前裂果现象。

2. 发生原因 土壤瘠薄、干燥或偏碱，以及土壤中含钙、钾、氮多时，油桃容易发生缺硼症。

3. 防治方法 结合秋施有机肥，混合施硼砂，每株用量150～200克；花期前后喷施硼砂400～600倍液；避免过多施用石灰肥料和钾肥。

（五）桃树缺镁症

1. 主要症状 桃树缺镁，老叶发病，幼叶一般不发生，多在果实膨大期开始表现症状，而在生长初期很少表现。发病初期，老叶叶缘和脉间出现浅绿色水渍状斑点，斑点逐渐扩大为紫褐色坏死斑块，叶脉及其附近组织仍保持原有绿色，有时叶尖和叶基也维持绿色。发病后期，病叶卷缩早落，并由新梢下部向中上部发展，最终只在梢尖附有少数幼叶。桃树缺镁表现出茎细，花芽少，果小、易落。

2. 发生原因 土壤偏酸、偏碱、干燥，有机肥不足，以及施用钾、钠、磷、氮等肥料过量时，都易引起桃缺镁症。

3. 防治方法 增施有机肥，改良土壤；避免一次施用过量的氮肥和钾肥；缺镁严重时，结合秋施基肥，混施钙、镁、磷肥；生长季缺镁，可进行叶面喷布硫酸镁100～300倍液。

（六）桃树缺锰症

1. 主要症状 桃树缺锰，首先从新梢上部叶片表现症状，发病初期叶缘色呈浅绿色，并逐渐扩展至脉间失绿，只是主脉和中脉及其邻近组织仍为绿色，呈绿色网纹状。发病后期仅中脉保持绿色，叶片大部黄化，呈黄白色。缺锰较轻时，叶片一般不萎蔫，新梢顶芽仍然生长。缺锰严重时，新梢生长矮化直至死亡，叶片叶脉间出现褐色坏死斑，甚至发生早期落叶；开花结果少，果实着色不好，品质差，重者有裂果现象。

2. 发生原因　当土壤呈酸性、含有腐殖质和水时，锰呈离子状态，易被油桃吸收利用，锰含量多。当土壤呈碱性或干旱时，锰元素被固定，易出现缺锰症，所以土壤过多施用碱性肥料会引起桃树缺锰。此外，偏施磷肥也会引起缺锰。

3. 防治方法　发现桃树缺锰时，可及时进行叶面施肥，喷施硫酸锰 300～1 000 倍液，也可土施硫酸钙，每亩用量 1～4 千克。

（七）桃树缺铜症

1. 主要症状　桃树缺铜症又称顶枯病，主要症状是幼叶失绿萎蔫，新梢顶枯。发病初期，茎尖停止生长，细而短；幼叶叶尖和叶缘出现失绿，并产生不规则形褐色坏死斑，这些症状逐渐向叶片内部发展，造成萎蔫状。发病后期，幼叶大量脱落，顶芽和顶梢枯死，病情逐渐向新梢中下部蔓延，在当年或翌年，经常从枯死部位以下发出许多新枝，呈丛状，但这些新技也会因缺铜而造成枯顶现象，几年后，树体往往矮化、衰弱。病重时，树皮粗糙并木栓化，有时出现开裂流胶现象。

2. 发生原因　碱性土壤以及土壤中含氮、磷、钙、铁、锌、锰过多时，易造成桃树缺铜。

3. 防治方法　结合秋施基肥，混施硫酸铜，每株用量 0.5～2.0 千克。在休眠期，喷布硫酸铜 500～1 000 倍液。花后喷施硫酸铜 2 000 倍液。

第四节　桃树早衰的防治及周年管理措施

一、桃树早衰的原因及防治方法

桃树管理不当，就会造成不挂果或挂果少，早衰现象严重，给桃树生产带来严重影响。

（一）桃树早衰的原因

1. 树种的特性 旺长性较强的品种和结果性早的品种容易早衰。

2. 栽培措施管理不当 施肥不合理，偏施氮肥，忽视磷、钾肥及有机肥的施用，造成土壤板结，透气性差，有机质含量低，微量元素被固定，导致黄叶病、小叶病等病虫害，引起部分桃园早期落叶，严重时树体死亡。

3. 病虫害防治不及时 主要是桑白蚧的为害严重，不注意保护树体，造成树体伤痕累累，多处流胶，致使树体干枯。

4. 树体负载量大 只顾追求产量，不注意合理疏花疏果，结果过多造成营养生长和生殖生长失调，导致树体衰弱。

5. 修剪不当 大树不注意培养内膛枝，有些结果枝不及时更新回缩，致使树体呈伞状，结果部位外移，内膛空虚，结果枝越来越少；或不及时疏除徒长枝和过密枝，造成树势内膛荫蔽，大部分结果枝条退化，结果部位上移。

6. 长期使用除草剂 果园施用除草剂，一是除草剂的喷施过程中喷雾飘逸到树干或叶子和果实上，对树体和果实造成危害。二是长期施用除草剂或随意增加施用量，使土壤中除草剂残留量增加，除草剂渗入根际造成伤害，导致树体衰弱，易受病菌侵害，结果期造成落果烂果。因此，桃园要严禁施用除草剂。

（二）防治早衰的方法

1. 合理施肥 每年 9～11 月秋施基肥，以有机肥为主，配合施用磷、钾肥，每亩施 5 000 千克左右有机肥。3 次追肥，于开花前株施尿素 0.6 千克左右；于果实硬核期，施三元复合肥 0.5 千克；第二次生长高峰喷 2 次 600～800 倍液的果蔬钙肥。

2. 加强病虫害防治 特别是桑白蚧和桃红颈天牛，要以预防为主，在 7 月前用塑料薄膜把桃干包住或涂白，同时注意萌芽前喷

1次45%石硫合剂晶体1 200倍液，防治其他病虫害。秋后深翻树盘，以减轻生长季病虫害的发生。

3. 禁止使用除草剂　桃园中禁止使用除草剂除草，种植绿肥，进行林下养殖或人工除草，防除杂草。

4. 疏花疏果，合理负载　先疏除坐果率高的品种，后疏除幼树及中晚熟品种。一定要尽早疏除病虫果、小果、畸形果等，要一次疏净。在疏果后半个月进行定果，定果后可进行果实套袋。极早熟品种及早熟品种在完全谢花后，追施一次以硫酸钾为主的壮果肥。

5. 合理整形修剪　注意骨干枝的培养，分清主次。在确定从属关系的基础上，合理选留预备枝、内膛枝。3月做好花前复剪，剪除无叶花枝和细弱枝，抹除过多花蕾，保持合理均匀的留花距离。4月要抹芽除萌，抹去过密芽、背上无用芽、剪锯口无用芽等。5～6月对内膛枝摘心。冬季修剪对过长结果枝应适当回缩更新，使结果部位保持在距骨干枝60厘米以内。冬剪要适当提早，清理园内枯枝及修剪枝条，集中深埋或烧毁，喷施4～5波美度石硫合剂，要求喷药全面、细致、周到。

二、桃周年管理措施

根据桃的生长规律、各器官的生长发育特性及桃在年生长周期内的生长发育规律，桃周年管理措施如下。

（一）1月工作要点

（1）剪除徒长枝、交叉枝、重叠枝、无芽枝、细弱枝，合理选留果枝，每亩留果枝6 000～8 000枝。

（2）清除桃园内越冬杂草和修剪的枝条，消灭病虫越冬场所；刮除枝干老翘皮、病皮，刮掉枝干上桑白蚧虫体、流胶等，集中烧毁。

（3）喷45%石硫合剂晶体18～20倍液，或松脂酸钠溶液清园，喷药全面、细致、周到；对枝干进行涂白（石灰浆涂刷树干）。

（二）2月主要工作要点

（1）对未修剪完的桃园继续进行修剪，原则及方法同1月，务必在2月中旬前结束。新栽幼树进行定干。

（2）追施1次花前肥，每亩施尿素15～20千克，干旱时应浇水。

（三）3月主要工作要点

（1）主要防治蚜虫和缩叶病，在桃树开花前的花蕾露红期，用10％吡虫啉可湿性粉剂2 000倍液加80％代森锰锌可湿性粉剂600～800倍液，或50％多菌灵可湿性粉剂600～700倍液喷雾。盛花期叶面喷施0.3％～0.5％磷酸二氢钾溶液或喷硼肥。

（2）开始使用杀虫灯，新区安装杀虫灯，杀虫灯使用时间为3月初开灯，9月底关灯。

（3）浅中耕，铲除早春杂草和越冬杂草，消灭越冬虫源。

（4）低海拔地区月底进行抹芽除萌（高海拔地区4月初进行），幼树抹去整形带以下的萌芽，其余果树抹去背上的无用芽和剪锯口处多余的芽。

（四）4月主要工作要点

（1）摘心，对生长过旺的嫩梢进行摘心。

（2）疏果，先疏除早熟品种和坐果率高的品种，后疏除幼树及中晚熟品种。

（3）极早熟品种在疏果后半个月进行定果，并追施一次以硫酸钾为主的壮果肥。

（4）终花后防治桃缩叶病和细菌性穿孔病，使用80％代森锰锌可湿性粉剂600倍液、1％中生菌素水剂1 000倍液或50％多菌灵800倍液。

（5）蚜虫、瘿螨防治，选用0.36％苦参碱水剂400～600倍液或1.8％阿维菌素乳油1 800～2 000倍液，加5％氨基酸微肥或3％磷酸二氢钾喷施，减轻裂果病发生和增加产量。施药关键时期为完全谢花后立即施药，每隔 15 天 1 次，连续防治 2～3 次。

（6）4 月上旬开始悬挂性诱剂、糖醋液诱杀桃小食心虫、梨小食心虫、桃蛀螟成虫。4 月中下旬防治桃蛀螟、蚜虫，使用苏云金杆菌或阿维菌素进行防治。

（五）5 月主要工作要点

（1）疏除未坐果的枝条，回缩过长的无果枝，对抹芽不及时的桃园疏除过多嫩梢，对生长旺盛枝条摘心。

（2）桃果硬核期后，立即进行疏果定果，短果枝留果 2～3 个，长果枝 4～5 个。

（3）追施壮果肥，早熟品种每株施用三元复合肥（N∶P∶K＝15∶15∶15）0.5～1 千克。

（4）5 月上旬结束定果和套袋工作。

（5）做好疏枝、扭梢等夏剪工作。

（6）5 月上中旬绿肥开花期，翻压绿肥，树盘覆草。

（7）加强对梨小食心虫、蚜虫、天牛等病虫害防治。防治桃蚜、桃蛀螟、桃小食心虫、梨小食心虫、桑白蚧、桃潜叶蛾、刺蛾等害虫，选用苏云金杆菌、灭幼脲 3 号或阿维菌素防治；防治桃疮痂病、桃细菌性穿孔病、桃炭疽病、桃褐腐病等，选用中生菌素、多菌灵或代森锰锌等防治。

（8）月底开始采收极早熟和部分早熟桃。

（六）6 月主要工作要点

（1）疏除生长过旺、控制不住的徒长枝，对生长过高的枝条留 1～2 条副梢进行剪梢，无副梢的留 10 厘米左右剪梢，疏除过密枝条，改善通风透光条件。

（2）对中熟品种，果实膨大期追施壮果肥，每株施用三元复合肥（N∶P∶K＝15∶15∶15）0.5 千克。

（3）对早熟桃和部分中熟桃进行采收。

（4）对挂果多的树枝进行撑枝，防止果压断或风吹断树枝。

（5）疏通沟渠，做好排水工作。

（6）着重防治桃蚜、桃蛀螟、桃小食心虫、梨小食心虫、桃潜叶蛾、刺蛾等，可选用1.8%阿维菌素乳油1 000～2 000倍液或10%吡虫啉可湿性粉剂2 000倍液进行防治；防治桃细菌性穿孔病、桃炭疽病、桃褐腐病、流胶病等，选用1%中生菌素水剂1 000～2 000倍液、50%多菌灵可湿性粉剂600～800倍液、80%代森锰锌可湿性粉剂400～600倍液或70%甲基硫菌灵可湿性粉剂700～1 000倍液等进行防治。

（七）7月主要工作要点

（1）继续分级采收成熟果实，对晚熟品种查袋、补套袋。

（2）对晚熟品种追施壮果肥。

（3）疏除徒长枝和过密枝。

（4）果园排水，防止积水。

（5）浅耕除草。

（6）着重防治红蜘蛛、梨小食心虫、天牛、桃蛀螟、桃小绿叶蝉、桃潜叶蛾、刺蛾等，选用2.5%溴氰菊酯乳油1 200～2 000倍液或10%吡虫啉可湿性粉剂2 000倍液；防治桃炭疽病、桃褐腐病、流胶病等，选用1%中生菌素水剂1 000～2 000倍液或70%甲基硫菌灵可湿性粉剂700～1 000倍液。

（八）8月主要工作要点

（1）继续分级采收成熟果实。

（2）浅耕除草。

（3）防治病虫，保持叶片。防治桃小食心虫、桃小绿叶蝉、桃潜叶蛾、刺蛾等，选用0.5%印楝素乳油1 000～2 000倍液、50 000国际单位/毫克苏云金杆菌可湿性粉剂500～1 000倍液或10%吡虫啉可湿性粉剂2 000倍液、1.8%阿维菌素乳油1 000～2 000倍液等防治。人工捕捉天牛成虫。

（九）9月主要工作要点

（1）做好施基肥准备，下旬可进行施肥工作。基肥以有机肥为主，配合适量氮、磷肥，每株施腐熟农家肥 25 千克，配施尿素 0.2 千克、普钙 0.5 千克或每株施发酵油饼肥 2 千克配施尿素 0.2 千克、普钙 0.5 千克。

（2）种植绿肥。

（3）防治叶片上的真菌病害可施 50%多菌灵可湿性粉剂 600～800 倍液；防治桑白蚧、桃小绿叶蝉、桃潜叶蛾、刺蛾等，选用 25%灭幼脲 3 号胶悬剂 1 000～2 000 倍液或 1.8%阿维菌素乳油 1 000～2 000 倍液等。

（十）10 月主要工作要点

（1）土壤深翻耕，树冠内土壤浅耕。

（2）施基肥，以农家肥和有机肥为主。

（十一）11 月主要工作要点

（1）清除园中杂草、枯枝、烂果。

（2）以距树干 1 米以外树冠投影处空闲地进行中耕，减少上浮根系，促进根系下扎。

（3）用石灰浆涂刷树干、主枝，防止冻害。

（4）清理枯枝落叶，集中深埋或销毁。施 45%石硫合剂晶体 180～200 倍液，或松脂合剂（松香、氢氧化钠、水按 3∶2∶10 熬制而成）8～15 倍液，或 22.4%螺虫乙酯悬浮剂 2 000 倍液防治越冬病虫。

（5）11 月上旬结束施基肥工作。

（十二）12 月主要工作要点

（1）休眠期，按照树形、树龄、品种等条件进行修剪。

（2）清理果园，对成年树刮翘皮，涂伤口保护剂；进行树干刷白，天牛虫道堵杀；清除老、病枝叶。

（3）清除枯枝和对修剪下的枝条进行集中烧毁。

（4）根据桃园具体情况制定翌年的工作计划，做好各项准备工作。

附　　录

附录1　国家禁止生产、销售和使用的农药

一、2017年国家禁止生产、销售和使用的农药名单（42种）

六六六、滴滴涕、毒杀芬、二溴氯丙烷、杀虫脒、二溴乙烷、除草醚、艾氏剂、狄氏剂、汞制剂、砷类、铅类、敌枯双、氟乙酰胺、甘氟、毒鼠强、氟乙酸钠、毒鼠硅，甲胺磷、甲基对硫磷、对硫磷、久效磷、磷胺、苯线磷、地虫硫磷、甲基硫环磷、磷化钙、磷化镁、磷化锌、硫线磷、蝇毒磷、治螟磷、特丁硫磷、氯磺隆，福美胂、福美甲胂、胺苯磺隆单剂、甲磺隆单剂（38种）。

百草枯水剂：自2016年7月1日起停止在国内销售和使用。

胺苯磺隆复配制剂、甲磺隆复配制剂：自2017年7月1日起禁止在国内销售和使用。

三氯杀螨醇：自2018年10月1日起，全面禁止三氯杀螨醇销售、使用。

二、限制使用的25种农药

甲拌磷、甲基异柳磷、内吸磷、克百威、涕灭威、灭线磷、硫环磷、氯唑磷：禁止在蔬菜、果树、茶树、中草药材上使用。

水胺硫磷：禁止在柑橘树上使用。

灭多威：禁止在柑橘树、苹果树、茶树、十字花科蔬菜上使用。

硫丹：禁止在苹果树、茶树上使用。

溴甲烷：禁止在草莓、黄瓜上使用。

氧乐果：禁止在甘蓝、柑橘树上使用。

三氯杀螨醇、氰戊菊酯：禁止在茶树上使用。

杀扑磷：禁止在柑橘树上使用。

丁酰肼（比久）：禁止在花生上使用。

氟虫腈：禁止在除卫生用、玉米等部分旱田种子包衣剂外的其他用途上使用。

溴甲烷、氯化苦：登记使用范围和施用方法变更为土壤熏蒸，撤销除土壤熏蒸外的其他登记。

毒死蜱、三唑磷：自 2016 年 12 月 31 日起，禁止在蔬菜上使用。

2,4-滴丁酯：不再受理、批准 2,4-滴丁酯（包括原药、母药、单剂、复配制剂）的田间试验和登记申请；不再受理、批准 2,4-滴丁酯境内使用的续展登记申请。保留原药生产企业 2,4-滴丁酯产品的境外使用登记，原药生产企业可在续展登记时申请将现有登记变更为仅供出口境外使用登记。

氟苯虫酰胺：自 2018 年 10 月 1 日起，禁止氟苯虫酰胺在水稻作物上使用。

克百威、甲拌磷、甲基异柳磷：自 2018 年 10 月 1 日起，禁止克百威、甲拌磷、甲基异柳磷在甘蔗作物上使用。

磷化铝：当采用内外双层包装，外包装应具有良好密闭性，防水、防潮、防气体外泄。自 2018 年 10 月 1 日起，禁止销售、使用其他包装的磷化铝产品。

附录 2　桃树上的常用农药

通用名称	剂型及含量	主要防治对象	施用量（稀释倍数）	施用方法	安全间隔期（天）	实施要点及说明
硫酸铜	晶体	真菌性病害	200～333.3 倍液			与石灰水混合后生成波尔多液，作为杀菌剂

（续）

通用名称	剂型及含量	主要防治对象	施用量（稀释倍数）	施用方法	安全间隔期（天）	实施要点及说明
石硫合剂	45%晶体	介壳虫、红蜘蛛、螨类害虫及缩叶病、炭疽病等真菌性病害	150～200 倍液涂白，1 200～1 500 倍液喷雾	涂白、喷施	7	冬季清园、涂白树干用或花蕾露红后开花前施用，气温较高时不用，浓度高时容易损伤植株
松脂酸钠	20%可溶性粉剂	介壳虫、蚜虫、红蜘蛛等	150～200 倍液	喷施	7	冬季清园时或早春新梢萌发前使用。不能与有机合成农药混用和含钙的波尔多液、石硫合剂等混用。与使用波尔多液、石硫合剂间隔 20 天以上
浏阳霉素	10%乳油	红蜘蛛、黄蜘蛛、锈壁虱	1 000～2 000 倍液	喷雾	15	
华光霉素	2.5%可湿性粉剂	红蜘蛛、黄蜘蛛、锈壁虱	400～600 倍液	喷雾	15	病虫害发生早期使用
阿维菌素	1.8%乳油	红蜘蛛、潜叶蛾、桃小食心虫、根结线虫、桃蚜、螟虫等	1 000～2 000 倍液	喷雾	7	开花期禁用
苦参碱	0.36%水剂	红蜘蛛、凤蝶、尺蠖及蚜虫	400～600 倍液	喷雾	15	

（续）

通用名称	剂型及含量	主要防治对象	施用量（稀释倍数）	施用方法	安全间隔期（天）	实施要点及说明
印楝素	0.5%乳油	鳞翅目昆虫、蚜虫	1 000～2 000倍液	喷雾	10	
矿物油	95%机油乳油	红蜘蛛、黄蜘蛛、锈壁虱、介壳虫	50～200倍液	喷雾	15	花蕾期至第二次生理落果前和成熟前45天不用
苏云金杆菌		鳞翅目昆虫、食心虫的幼虫	500倍液	喷雾		
灭幼脲3号	25%胶悬剂	潜叶蛾、食心虫	1 000～2 000倍液	喷雾		
螺虫乙酯	22.4%悬浮剂	介壳虫、蚜虫、螨类等	4 000～5 000倍液	喷雾	40	每个生长季最多施用1次，在早期施用
吡虫啉	10%可湿性粉剂	蚜虫、叶蝉类	4 000～6 000倍液	喷雾	12	不可与碱性农药或物质混用
溴螨酯	50%乳油	红蜘蛛、黄蜘蛛、锈壁虱	1 000～3 000倍液	喷雾	21	
多菌灵	50%可湿性粉剂	炭疽病、褐腐病等	600～800倍液	叶面喷施	20	广谱性杀菌剂，有内吸治疗和保护作用，长期使用会产生抗药性
甲基硫菌灵	70%可湿性粉剂	炭疽病、褐腐病等	700～1 000倍液	叶面喷施	30	广谱性杀菌、具有内吸、预防和治疗作用，长期使用会产生抗药性
代森锰锌	80%可湿性粉剂	疮痂病、炭疽病、褐斑病等	400～600倍液	叶面喷施	20	有保护和预防作用，补锌和锰，不能与碱性或含铜药剂混用

（续）

通用名称	剂型及含量	主要防治对象	施用量（稀释倍数）	施用方法	安全间隔期（天）	实施要点及说明
福美双	50%可湿性粉剂	炭疽病	500～800倍液	喷雾	21	
中生菌素	1%水剂	炭疽病、细菌性穿孔病	1 000～1 200倍液	喷雾		广谱性杀菌，发病初期使用，不与碱性农药混用
抗霉菌素120	4%果树专用型	炭疽病	600～800倍液	喷雾		施用后还能起到壮树抗病的作用
噻菌灵	98%原液	贮藏期病害	1 000～2 000倍液	浸果	10天以上	主要作保鲜剂、防霉剂，采果后处理

注：各种农药剂型及含量有多种类型，可以按表中用量折算有效成分。

参考文献

陈敬谊，2016. 桃优质丰产栽培实用技术 [M]. 北京：化学工业出版社.
董小红，龚文杰，孙俊，等，2017. 桃树主要病虫害绿色防控技术 [J]. 中国园艺文摘 (7)：208 - 209.
姜全，2017. 当前我国桃产业发展面临的重大问题和对策措施 [J]. 中国果业信息，34 (1)：5 - 6.
蒋华，石远奎，王中书，2011. 施用沼液肥对桃树产量、品质的影响 [J]. 中国园艺文摘 (6)：26.
蒋华，袁方强，甘元海，等，2017. 桃标准园省力化生态栽培技术 [J]. 中国园艺文摘 (7)：190 - 191.
陆秀琴，林莉，孙俊，2017. 桃树有机肥当量试验总结 [J]. 中国园艺文摘 (6)：27 - 28.
陆秀琴，王忠书，王福海，等，2017. 密植桃园的生态经济效益 [J]. 中国园艺文摘 (7)：202 - 203.
马瑞娟，张斌斌，蔡志翔，2012. 桃裂果的类型、原因及防止措施 [J]. 中国南方果树，41 (4)：125 - 126.
邱强，2013. 果树病虫害诊断与防治彩色图谱 [M]. 北京：中国农业科学技术出版社.
汪景彦，崔金涛，2016. 图说桃高效栽培关键技术 [M]. 北京：机械工业出版社.
王举兵，2017. 中国桃国际竞争力分析 [J]. 农业研究与应用，171 (4)：48 - 50.
杨普云，赵中华，2012，农作物病虫害绿色防控技术指南 [M]. 北京：中国农业出版社.
张放，2017. 2015 年我国水果生产统计分析（二）[J]. 中国果业信息，34 (1)：21 - 34.
周慧文，2013. 桃树丰产栽培 [M]. 北京：金盾出版社.
朱更瑞，2006. 怎样提高桃栽培效益 [M]. 北京：金盾出版社.

图书在版编目（CIP）数据

西南地区桃绿色高效栽培技术 / 龚文杰，蒋华主编 . —北京：中国农业出版社，2018. 3
ISBN 978 - 7 - 109 - 24190 - 9

Ⅰ. ①西… Ⅱ. ①龚… ②蒋… Ⅲ. ①桃-果树园艺 Ⅳ. ①S662

中国版本图书馆 CIP 数据核字（2018）第 122652 号

中国农业出版社出版
（北京市朝阳区麦子店街 18 号楼）
（邮政编码 100125）
责任编辑 阎莎莎
文字编辑 丁晓六

北京通州皇家印刷厂印刷 新华书店北京发行所发行
2018 年 3 月第 1 版 2018 年 3 月北京第 1 次印刷

开本：880mm×1230mm 1/32 印张：4.75 插页：4
字数：126 千字
定价：20.00 元